U0380942

内容简介

本书主要介绍了兔产品加工现状与趋势、兔肉的屠宰加工技术、兔肉的储藏与保鲜、兔肉加工中常用辅料的特性、各种中西式兔肉制品的加工方法、新型兔肉产品的开发技术、兔肉加工质量安全认证、兔毛皮的加工技术、兔毛绒的加工技术、兔副产品的加工与综合利用等有关兔产品加工的方法与技术。

畜禽水产品加工新技术丛书

兔产品加工新技术

第二版

王丽哲　黄　明　阎英凯　　主编

中国农业出版社

图书在版编目（CIP）数据

兔产品加工新技术/王丽哲，黄明，阎英凯主编．—2版．—北京：中国农业出版社，2013.1
（畜禽水产品加工新技术丛书）
ISBN 978-7-109-17130-5

Ⅰ.①兔…　Ⅱ.①王…②黄…③阎…　Ⅲ.①兔—畜产品—加工　Ⅳ.①TS251

中国版本图书馆CIP数据核字（2012）第202931号

中国农业出版社出版
（北京市朝阳区农展馆北路2号）
（邮政编码100125）
责任编辑　颜景辰

北京通州皇家印刷厂印刷　　新华书店北京发行所发行
2013年1月第2版　　2013年1月第2版北京第1次印刷

开本：720mm×960mm　1/16　　印张：13
字数：212千字　　印数：1～5 000册
定价：36.00元

《畜禽水产品加工新技术丛书》编审委员会

第二版编审人员

主　编　王丽哲（卢森堡国家研究院，Luxembourg Public Research Centre-Gabriel Lippmann）

黄　明（南京农业大学）

阎英凯（青岛康大食品有限公司）

副主编　孙京新（青岛农业大学）

杨臣斗（青岛康大食品有限公司）

王　鹏（南京农业大学）

参　编　张春江（中国农业科学院农产品加工研究所）

胡序建（国家面粉及制品质量监督检验中心）

徐宝才（江苏雨润食品产业集团有限公司）

李春保（南京农业大学）

主　审　葛长荣（云南农业大学）

第一版编写人员

主　编　王丽哲

编　者　孙京新　黄　明　王丽哲

李春保　岳喜庆

序　言 >>>>>>>>>>>

畜产品加工是以家畜、家禽和特种动物的产品为原料，经人工科学加工处理的过程，主要包括肉、乳、蛋、皮、毛、绒等的加工及血、骨、内脏的综合利用。

改革开放以来，我国畜产品加工事业取得了很大发展，已成为世界畜产品产销大国，肉类、蛋类、皮毛、羽绒生产总量已多年居世界首位。随着我国社会经济的发展，农业结构的调整和人民生活水平的提高，人们对畜产品的需求和期望越来越高。以市场为导向，以经济、社会和生态效益为目的，以加工企业为龙头的畜牧业产业化进程正在进一步发展壮大。畜产品加工业在国民经济发展中具有举足轻重的地位，对发展和繁荣农村经济、增加农民收入、活跃城乡市场、出口创汇和提高人民生活水平、改善食物构成、提高人民体质、增进人类健康均具重要作用。但是，我国畜产品加工业经济技术基础相对薄弱，必须依靠科技创新，大力推广新技术、新产品、新成果、新设备，传播科学技术知识，提高从业人员整体素质。

为适应新形势的需要，2002年中国农业出版社委托我会组织有关专家、教授和科技人员，在参阅大量科技文献资料的基础上，根据自己的科研成果和多年的实践经验，撰写了《畜产品加工新技术丛书》，分《猪产品加工新技术》、《牛产品加工新技术》、《禽产品加工新技术》、《羊产品加工新技术》、《兔产品加工新技术》和《特种经济动物产品加工新技术》6种。丛书自2002年出版、发行已十个年头了，期间多次重印，受到读者好评。随着我国经济社会和农业产业化飞速发展、科学技术的创新及产业结构调整，畜禽水产品加工领域已发生了深刻的变化，丛书已不能完全客观地反映和满足行业发展的需求，迫切需要修订、调整和增补。为此，经中国农业出版社同意，我会组织撰写了《畜禽水产品加工新技术丛书》，分《猪产品加工新技术》（第二版）、《禽肉加工新技术》、《蛋品加工新技术》、《牛肉加工新技术》、《羊产品加工新技术》（第二版）、《兔产品加工新技术》（第二版）、《乳品加工新技术》、《水产品加工新技术》、《特种经济动物产品加工新技术》（第二版）、《肉制品加工机械设备》和《畜禽屠宰分割加工机械设备》，共11本。

本丛书是在2002年版基础上的延伸、充实、提高和发展，旨在为从事畜禽水产品加工的教学、科研和生产企业技术人员提供简明、扼要、通俗易懂的畜禽水产品加工基本知识以及加工技术，期望该丛书成为畜禽水产品加工领域最实用、最经典的科普丛书，对提高科技人员水平、增加农民收入、发展城乡经济、推进畜禽水产品加工事业发展和促进畜牧水产业产业化进程起到有益的作用。

本丛书以组建产学研及国际合作编写平台为特色，邀请南京农业大学、华中农业大学、扬州大学、江西农业大学、北京工商大学、天津农学院、国家猪肉加工技术研发分中心、国家蛋品加工技术研发分中心、国家牛肉加工技术研发分中心、国家乳品加工技术研发分中心、卢森堡国家研究院等单位的知名专家、教授以及有丰富经验的生产企业总经理和工程技术人员参与编写，吸取企业多年经营管理经验和先进加工技术，大大充实并丰富了丛书内容。为此，对支持赞助和参与本丛书编写的杭州艾博科技工程有限公司、青岛建华食品机械制造有限公司、福建光阳蛋业股份有限公司、福州闽台机械有限公司、江西萧翔农业发展集团有限公司、青岛康大食品有限公司、上海大瀛食品有限公司、杭州小来大农业开发集团有限公司、内蒙古科尔沁牛业股份有限公司、陕西秦宝牧业股份有限公司和山东兴牛乳业有限公司表示诚挚的感谢。

本丛书适合于从事畜禽水产品加工事业的广大科技人员、教学人员、管理人员、从业人员、专业户等阅读、参考，也可作为中、小型畜禽水产品加工企业和职业学校的培训教材。

中国畜产品加工研究会

2012年11月

第二版前言

我国是兔产品生产大国。相比其他畜禽产品，兔产品在未来畜牧业中具有较强的产业竞争优势，如生产性能高、节粮、易于规模化标准化、对环境影响小等，特别是兔肉产品具有很高的营养价值，因而使兔产品越来越受到世界各国政府、生产者和消费者的关注。

为了给兔产品加工者提供更为系统的加工知识和技术，我们在《兔产品加工新技术》第一版的基础上，参考了大量兔产品加工技术文献资料，并结合生产实践经验编写了此书。本书不但包含了兔肉的化学组成及特性、兔肉屠宰分割及保鲜技术、各种兔肉制品的加工技术、兔毛皮及副产品的加工技术等较为系统的内容，而且增加了目前广受关注的兔肉及其制品质量认证的内容。我们删去了第一版中已经废弃的国家标准和部分深奥的理论知识，使本书更具前沿性，通俗易懂。

本书除了高校老师参与编写外，相关企业也参与了编写。相比于第一版而言，本书具有更强的操作性。因此，可以作为相关行业的科技工作者以及相关企业管理者的参考用书。

本书的出版不仅得到了各编委的积极参与和配合，也得到了国家一级学会中国畜产品加工研究会的大力支持。在读研究生王锴先生和德国食品工程师阿克塞尔·奥（Dipl.-Ing. Axel Rau）先生也参与了本书的编写工作，在此一并表示最衷心的感谢！

本书错误和不妥之处敬请读者批评指正。

编　者

2012年10月

第一版前言

经济的发展、人口的增长以及人们对食品营养和安全认识的提高，使兔肉产品越来越受到世界各国消费者的关注。《本草纲目》记载：兔肉性寒味甘，具有补中益气、止渴健脾、凉血解热、利大肠之功效。也有古诗赞誉："兔肉处处有之，为食品之上味"、"飞禽莫如鸪，走兽莫如兔"。现代科学证明，兔肉具有高蛋白、高赖氨酸、高消化率、低脂肪、低胆固醇、低热量等特点，是预防高血压、肥胖症、冠心病、动脉硬化等病的理想食品。兔肉在国外有"芙蓉肉"之称，在我国有"美容肉"、"保健肉"、"益智肉"之称。目前兔肉世界人均年消费量为0.3千克，中国为0.32千克。

中国是兔肉生产大国。1999年兔肉产量为40.9万吨，约占世界兔肉总产量的20%，并呈逐年增加趋势。山东、河北、四川、山西、浙江、江苏等地是兔肉重点产区。我国兔肉以活兔鲜销为主，其次是冻兔肉出口。20世纪80年代初期我国冻兔肉出口每年3万吨以上，90年代受欧盟注册和国际金融风波的影响，冻兔肉出口波动较大，但近年有所回升。1999年我国兔肉出口1.658 3万吨，比1998年增加10.6%。兔肉出口量居世界首位。我国冻兔肉远销欧洲及美国、日本等十几个国家。中国加入世贸组织，将给我国兔肉加工业带来新的机遇，也将推动其快速发展。

我国的兔肉加工产品多是初级加工产品和传统中式制品。初级加工产品如冻全兔、分割冻兔肉、冰鲜兔肉、冻兔肉串等，传统熟制品如腊兔、板兔、缠丝兔、五香兔肉、麻辣兔肉、红烧兔肉、扒兔、熏兔、兔肉松、兔肉脯、兔肉干等。现有的兔肉加工企业大多是作坊式操作，规模小，技术质量低，设备简单，卫生状况差，产品质量参差不齐。随着我国农业产业化进程的不断加快、人民生活水平的提高和环保意识的增强，兔肉产品加工业正在朝着营养、保健、无公害、休闲的方向发展。采用高新技术和先进的加工设备，使我国中式兔肉产品加工尽快实现工厂化、标准化、科学化，同时积极开发低温兔肉制品，以增加花色品种，满足人们的需求，运用HACCP系统原理生产流程以确保兔肉产品的安全性势在必行。绿色兔肉产品将是新的消费热点，前景广阔。

本书由兔肉冷藏制品、调理制品、腌腊制品、熏烤制品、酱卤制品、干制品、罐藏制品、西式兔肉制品、地方特色兔肉制品、兔肉制品加工机械设备、兔原料毛皮的组织结构和化学组成、兔毛皮加工工艺等部分内容组成。工艺技术参数和配方来自近百余本文献和兔肉加工厂及正在转化的研究新成果，具有很强的可操作性。同时，为了提高我国兔肉加工行业的整体技术水平，编著者在加工原理方面也作了简单的阐述，可以避免在技术操作过程中因知其然不知其所以然而造成的具体技术障碍。

在编写过程中，受到天津互联计算机公司张树元先生真诚的关怀和鼎力支持及上官蕴华小姐的协助，在此一并表示最衷心的感谢！

本书错误和不妥之处敬请读者批评指正，以便再版时修改。

编　者

2002年4月

目　录 >>>>>>>>>>>

第一章

概　论

>>>>>

第一节　国内外兔产品生产现状

随着经济的发展和人民生活水平的不断提高，市场对兔产品（肉、毛、皮及其制品）的需求量越来越大，促进了世界养兔业的快速发展。1992年世界养兔国家为106个，到2010年已增加到200多个。世界家兔年饲养量已超过17亿只，其中肉兔约占94%、毛兔占5.2%、獭兔占0.8%。我国2010年家兔饲养量已达到7亿余只（其中存栏兔2.38亿只，出栏兔4.62亿只），我国肉兔和毛兔、獭兔之比约为75∶23∶2。

一、兔肉生产、消费和贸易现状

截至2010年底，全世界兔肉年产量现已达到150余万吨，相比1984年兔肉总产量75万吨，产量已翻了一番。我国是个养兔大国，2010年兔肉年产量已达到60万吨，约占世界兔肉总产量的40%。肉兔品种主要有新西兰白兔、比利时兔、加利福尼亚兔等，最近几年我国肉兔养殖企业引进的多是法国的伊拉配套系兔，它生长发育快、产仔率和出肉率都表现出明显的品种优势。当前世界上生产兔肉的主要国家有中国、意大利、法国、俄罗斯、乌克兰、西班牙、尼日利亚、印度尼西亚、埃及、美国、德国等，以上国家兔肉产量占世界兔肉总产量的80%以上。

传统的兔肉消费市场主要在欧盟各国，尤其是意大利、比利时、法国、英国、德国、荷兰等国自产兔肉不足，需要大量进口。近几年日本、韩国及东南亚地区兔肉需求量激增，进口量也较大。我国不仅是个养兔大国，也是兔肉消费大国，除少量出口外，其余均为国内消费，我国的四川、重庆、福建、广东、江西历来有食用兔肉的传统习惯，南方消费量明显大于北方。中国年人均兔肉占有量约为0.45千克，超过世界年人均兔肉占有量约0.25千克的水平，但和欧美一些国家相比还有很大差距，如年人均兔肉占有量意大利为5.3千克、西班牙为3千克、法国为2.9千克、比利时为2.6千克。

二、兔毛生产、贸易和消费现状

受市场波动影响，兔毛产量变化很大，高峰时我国年产兔毛曾达到2万多吨，当前年产兔毛1万吨左右，占世界兔毛总产量（1.2万吨）的83%。年产兔毛较多的国家还有智利、阿根廷、捷克、法国、德国等。

国际市场兔毛销售随毛纺技术进步和消费水平变化而变化。20世纪50年代约400吨/年，60年代880吨/年，70年代2 000吨/年，80年代5 000吨/年，90年代5 500吨/年。进入21世纪兔毛销售量变化不大，仍停留在5 000吨/年左右。我国从2001—2010年这十年平均年出口兔毛量为3 620吨。每年进口兔毛较多的国家有日本、意大利、德国和韩国等。

三、兔皮生产、贸易和消费现状

兔皮包括肉兔皮和獭兔皮，世界肉兔皮年产量多达11.2亿张、獭兔皮年产量约0.11亿张。我国2010年产肉兔皮3.0亿余张、獭兔皮约500万张。20世纪90年代以来，随着国家经济建设的快速发展，部分率先富裕起来的人们带动了国内的毛皮消费，也使中国迅速由毛皮出口国变为毛皮消费国和进口国，到1994年起我国已成为世界上毛皮原料及制品的重要进口国。我国獭兔养殖业和毛皮加工业呈日益增长的态势，但目前我国只是獭兔等毛皮动物养殖、加工和消费大国，而不是强国，和国外一些强手相比，在皮张质量、加工技术、服装设计等方面还存在一定的差距。

第二节 兔产品加工现状与发展趋势

一、兔产品加工现状

兔肉加工业在我国肉类加工业中尚不具地位。2010年，我国兔肉产量仅占当年肉类总产量的0.75%。当前我国兔肉深加工产业化企业约50家左右，年生产兔肉制品低于5 000吨，深加工不足1%，在肉类加工业中是起步较晚的行业。目前，兔肉加工业除少数龙头企业如青岛康大食品有限公司外，现多为中小企业。目前国内有10余家欧盟注册出口企业，均分布在山东，其余企业为加工内销企业。我国的兔肉加工产品多是初级加工产品和传统中式制品。

初级加工产品如冻全兔、分割冻兔肉、冰鲜兔肉、冻兔肉串等，传统中式制品如腊兔、板兔、缠丝兔、五香兔肉、麻辣兔肉、红烧兔肉、扒兔、熏兔、兔肉松、兔肉脯、兔肉干等，西式深加工兔肉制品有兔肉方火腿、兔肉肠类、兔肉罐头、休闲兔肉丁、发酵兔肉、调理兔肉制品等，产品已打入北京、上海、青岛等地的大型超市，深受消费者青睐。现有的兔肉加工企业大多是作坊式操作，规模小、技术质量低、设备简单、卫生状况差、产品质量参差不齐，不能满足兔肉产品标准化、科学化、多样化的需求。

我国兔毛加工企业主要集中在江苏、浙江等地区，其他省份不多，加工量也不大。兔毛加工主要是原毛的分级，然后供应国内外市场。近年来出现了少量兔毛的深加工产品，如纯兔毛的西服面料、衬衣和兔毛衫等。獭兔皮近年来有较大的发展，我国獭兔皮的加工主要是原料皮的分级和初加工，供应国外市场，少量的獭兔皮裘皮成衣制品也研制成功，并部分出口国外市场。

二、兔肉加工技术发展趋势

（一）适应国际市场需求，提高兔肉的出口量

经济发达并注意环保的国家和地区对家兔产品的需求有增无减，这对中国来说是大好机遇。我国应利用好家兔资源丰富、数量大、价格低的优势，加快兔肉质量标准体系和检测检验体系建设，按照国际标准或进口国标准组织生产，取得相关认证，快速推进专业化生产，规模化、集团化经营，做好检疫检验工作，把好产品出口安全、卫生质量关，注意产品包装标志，努力打造品牌，跨越“绿色壁垒”，这样才能降低成本，提高质量，增强实力，形成市场优势，实现规模效益。

（二）重视动物福利问题，加强潜在贸易壁垒的研究

现在欧盟消费者把饲养动物并不单纯看作生产食品，同时关注相关的食品安全、质量、环境保护、动物福利以及可持续发展等社会目标。一个值得注意的趋势是，欧盟各成员国在提高动物福利方面已经不仅仅局限于遵守最基本的强制性法规和标准，由市场发展而自发产生的更高标准的要求也越来越多。这种情况反过来又会促进动物福利条件的进一步改进，提高消费者对动物福利标准及其附加值的认识。欧盟零售商和生产商越来越深刻地认识到动物福利是影响产品形象和质量的主要因素，有必要建立一套可靠的系统监控农场的动物福

利状况，保证适当的生产条件，从而提升产品形象和质量，增加消费者的市场选择。对符合动物福利标准在内的各种指标的产品进行标识。如动物福利标签，就是根据自愿性的动物福利标准来对生产系统进行分类。因此，我国出口企业应积极参与国际动物福利方面的认证，以获取出口通行证。

（三）开展兔肉精深加工，着力提高兔肉加工产品品质

我国兔肉消费以家庭、餐饮为主，冻兔肉占消费中较大比例。随着人们对生活质量要求的逐渐提高，这种单一的模式和渠道必将制约兔肉产品的经济效益和兔肉产业的发展。因此，应鼓励开发分割系列产品、即食兔肉产品、小包装兔肉休闲食品。可以尝试向西式兔肉制品方向发展，将酶工程、发酵工程、超高压技术等实用高新技术与传统工艺方法相结合，优化兔肉生产工艺，使我国兔肉工业在研究开发上尽快和国际同行接轨。另外，还可以通过加大天然调味料的开发利用，促进兔肉制品风味的独特化、美味化、差异化，以充分利用兔肉资源，生产高附加值产品，提升产品的档次，创造企业利润。

（四）加强冷链建设，开创低温肉制品市场

对产量和消费量数据进行分析后不难得出，北方兔肉消费量少，积压兔肉多，价格低，特别是冬季与南方差价明显。针对这种特殊国情，南北方的兔肉企业可契机联合，在北方兔肉价格低销售量少时寻求南方市场，通过北兔南调，实现双赢。在这个环节中，首先是要建立屠宰、加工、包装、储藏、运输及销售的完整冷链，并严格监控卫生质量，发展应用兔肉冷冻保鲜技术，加快冻兔肉的流通，以更好地实现北兔南调的调配工作。在我国冷藏链逐步完善的基础下，低温肉制品以其较好的风味、营养和口感成为中国肉制品行业的新宠儿，国内大型肉类企业大多始终坚持把低温肉制品作为自己的发展方向，投产低温肉制品车间。在此形势下，兔肉加工企业也应把握机会，跟上时代前进的步伐，在低温肉制品生产加工方面加大投入。

三、兔毛、兔皮及其他兔副产品利用技术前景

合理开发和利用兔毛、兔皮及兔副产品的技术前景广阔。近10年来，在肉及其制品行业，国家对屠宰动物内脏、血液、皮、骨、毛和各种腺体等的综合利用技术进行了较大科研投入，并鼓励将科研成果进行推广应用。在兔产品行业，对兔毛、兔皮和兔副产品开发利用相对较少，在科研方面力量相对薄

弱，进展缓慢，以至资源浪费，增加了废料处理工作的负担。如此看来，开展对兔产品的综合利用，对提高养兔的经济效益具有十分重要的意义。现已发现，兔肝、兔胆、兔胃、兔肠等脏器在医药、生物等领域有一定的开发价值，但这些初步研究还不能满足企业生产加工的需要，仍需要研究机构和企业不断地增进交流，共同努力。

第二章

生鲜、冷冻兔肉加工技术 >>>>>

第一节 兔的屠宰加工技术

一、宰前管理

为了保持冻兔肉的卫生和质量，被宰活兔必须是来自非疫区的健康家兔。同时，在屠宰前，要根据健康家兔的基本要求进行严格的健康检查，并做到病、健隔离。确认健康的家兔，立即送到候宰间，并标以准宰记号，然后方可进行屠宰。

家兔在待宰期间，须经过 8 小时以上的断食休息，但需充分饮水，到宰前 2～3 小时再停水，这样有利于恢复兔在运输途中的疲劳，以保证其正常的生理机能，促使粪便的排出和放血充分，有利于获得品质优良的产品。同时，家兔饮水充分，有利于剥皮操作。

二、屠宰加工工艺

冻兔肉的加工工艺流程大体为：

毛兔接收→毛兔入待宰圈→送宰→击晕→宰杀、放血→挂腿、水淋→剥皮、去头→截肢→修筋膜→剖腹→取内脏→检验、检疫→清污→预冷→剔骨、分割→装箱→金属探测→速冻

现代化的兔肉加工过程是采取机械流水线作业。用空中吊轨移动来进行家兔的屠宰与加工，用机械方法代替手工操作，这不但减轻了繁重的体力劳动，提高了工作效率，而且还减少了污染的机会，保证肉质新鲜卫生。现将代表国内先进加工水平、具备出口欧盟要求的青岛康大食品公司冻兔肉加工的程序详述如下：

（一）毛兔接收

毛兔进厂时，专职兽医检查动物产地检疫合格证明、动物及动物产品运载工具消毒证明、备案养殖场的养殖监管记录、饲养日志、养殖场业主的诚信声

明等，相关文件符合要求，且兔无疫病时，方可开具宰杀通知单。

（二）毛兔入圈、送宰

依据检验标准对兔只进行宰前检验、分圈存放并注明备案场编号、入圈时间、数量、追溯号。按照存圈的先后顺序进行运送宰杀。

（三）击晕

击晕的目的在于使家兔暂时失去知觉，减少或消除屠宰时家兔的挣扎，便于操作放血。击晕的方法，目前在我国各兔肉加工厂已广泛采用，认为较好的一种方法是用电击晕法（即电麻法），使电流通过兔体麻醉中枢神经引起晕倒。此法还能刺激心脏活动，使心搏升高，便于放血。

电麻器如同长柄钳子，钳端附有海绵体，电压70伏，电流0.75安培，使用时先蘸5%的盐水，然后插入家兔两耳后部，家兔触电后昏倒，即可宰杀。目前各地盛行的电麻转盘，操作则更为方便，其电流、电压同电麻器。

（四）宰杀、放血

现代化兔肉加工厂，宰兔多用机械割头。这种方法可以减轻劳动强度，提高工效，防止兔毛飞扬，兔血飞溅。此设备多为机械化程度较高的兔肉加工厂所采用。目前还有一种宰杀方法是：放血人员左手握住兔头，右手持刀沿兔耳根部将兔的颈动脉割断，沥血时间不少于2分钟，此种方法目前一直被广泛使用。

总之，无论采取何种屠宰方法，都必须放净血液。因为肉尸放血程度的好坏，对家兔肉的品质和储藏起着决定性的作用。放血充分，肉质细嫩柔软，含水量少，保存时间长。放血不净，就会使肉中含水分多，色泽不美观，影响储存时间。根据实际操作，放血的时间不超过2～3分钟。放血不净的原因，主要是因家兔疲劳过度或放血时间短所致。放血不净时，胴体内残余的血液易导致细菌繁殖，影响兔肉质量。

（五）挂腿、水淋

将放血后的兔体右后肢跗关节卡入挂钩。为防止兔毛飞扬，污染车间或产品，要用清水淋湿兔体，但不要淋湿挂钩和吊挂的兔爪。

（六）剥皮、去头

从左后肢跗关节处平行挑开至右后肢跗关节处，不要挑破腿部肌肉。再从跗关节处挑破腿皮，剥至尾根处，用力不要太猛，防止撕破腿部肌肉。作到手不沾肉，肉不沾毛。接触毛皮的手和工具，未经消毒或冲洗不得接触肉体。从第二尾椎处去尾。从跗关节上方 1～1.5 厘米处截断左、右肢上的皮，再割断腹部皮下腺体和结缔组织，将皮扒至前肢处。剥离前肢腿皮，从腕关节稍上方1厘米处截断前肢。剥离头皮后，从第一颈椎处去头。若使用剥皮机剥皮，则在去头后截断前肢，随即从上向下身剥皮（图 2-1）。

图 2-1　兔的吊挂及剥皮方法

皮板向外的筒皮剥离后，从腹部中线剪开，去掉头皮、前肢腕关节和后肢跗关节及尾部皮后，呈方形固定、晾晒（图 2-2）。

图 2-2　翻剥兔皮方法

（七）截肢、修筋膜

在链条上先洗刷净血脖，从跗关节处截断右后肢，修净体表和腹腔内表层脂肪，修除残余的内脏、生殖器官、耻骨附近（肛门周围）的腺体、结缔组织和外伤。后腿内侧肌肉的大血管不得剪断，应从骨盆腔处挤出血液。

（八）剖腹、取内脏、检验、检疫

分开耻骨联合，从腹部正中线下刀开腹。下刀不要太深，以免开破脏器，污染肉体。然后用手将胸、腹腔脏器一齐掏出，但不得脱离肉体。接着检查肉体和内脏器官时，应注意其色泽、大小，有无淤血，以及有无充血炎症、脓肿、肿瘤、结节、寄生虫和其他异常，还要特别注意检查蚓状突和圆小囊上的病变。检查完毕后，将脏器去掉，肝、肾、肺、心脏、肠、胃、胆等分别处理和保存。

（九）清污

用洗净消毒后的毛巾擦净肉体各部位的血和浮毛，或用高压自来水喷淋肉体，冲去血污和浮毛。

（十）预冷

刚屠宰的肉兔胴体温度一般在37℃左右，同时因胴体在成熟过程中释放尸僵热，使胴体温度继续上升，如果在室温条件下长时间放置，微生物的生长和繁殖会使兔肉腐败变质。有实验表明，在气温10℃且不通风的情况下，一昼夜可使兔肉成批变质。预冷可以迅速排除兔胴体内部的热量，降低胴体深层的温度，并在胴体表面形成一层干燥膜，阻止微生物的生长和繁殖，延长兔肉保存时间，减缓胴体内部的水分蒸发。

冷却间的温度应该维持在－2～0℃，最高不超过2℃，最低不低于－4℃，相对湿度控制在85％～90％，预冷45分钟后即可。

（十一）剔骨、分割、装箱、金属探测

将包装好的兔肉产品通过金属探测仪，如检出金属异物，将产品隔离处置并查找原因。

（十二）速冻

速冻间温度在达到－35℃以下时方可入库。

（十三）冻藏

冷库温度稳定在－18℃以下，按不同规格分别码垛，垛底要放置垫木。库内保持清洁。产品入库按品名、批次、规格分别存放，要求库房具有防鼠、防虫、防霉、防尘等措施。

（十四）发运

专职监装员对箱体卫生情况、产品标识、温度等内容进行检查，用冷藏货柜运输，运输过程温度控制在－18℃以下。

三、检疫和检验

兽医检验是兔肉加工生产的重要环节，是提高兔肉质量、保证人类健康和防止兔病传播的重要措施。因此，必须引起经营者们的高度重视。

（一）宰前检疫

宰前检疫的目的是确定家兔的健康状态，防止患严重传染病的家兔混入屠宰，保证兔肉卫生，防止有传染病的兔肉、皮毛、粪便等的污染而引起家兔间传染病的传播，避免加工人员因屠宰病兔而感染疾病，以及防止妊娠母兔被屠宰。

宰前检疫一般是在铺有漏粪板的保养圈内进行。健康家兔脉搏80～90次/分，体温38～39℃，呼吸20～40次/分，眼睛圆而明亮，眼角干燥，精力充沛；白色兔耳色粉红，用手捏之，略高于体温者为正常；粪呈豌豆大小的圆粒、整齐。对活兔作逐圈检查，如发现有被毛粗乱、眼睛无神且有分泌物、呼吸困难、不喜活动、行走踉跄、粪便稀薄且有臭味者应剔除做进一步检验和处理。

经宰前检疫后，分作下列几种办法处理：

1. 准宰　经检疫完全健康者。

2. 急宰　发现有受伤或确认无碍肉质卫生的疾病，有迅速死亡危险时，需进行急宰。急宰时需在急宰间内进行，急宰工具专用，不得带出急宰间，急宰人员应有适当的防护措施。

3. 缓宰　虽确认有传染病，但此病传染与人类无碍，而该兔又有治疗希望者，或有传染嫌疑而未经诊断确实者，可以缓宰。

4. 扑杀、销毁　确认为患有严重传染病，对人、畜有严重传染性，不准屠宰，应立即扑杀、销毁。

（二）宰后检验

1. 内脏检验

（1）检验技术　以肉眼检查为主。为便于固定和翻转内脏，避免检验人员直接接触，可用长犬齿镊和小型剪刀进行工作。

（2）检验程序　先从肺部开始，注意肺及气管有无炎症、水肿、出血、化脓或小结节，但无需剖检支气管、淋巴结。肺脏检验后，检查心脏，看心脏外膜有无出血点、心肌有无变性等。然后检查肝脏，注意其硬度、色泽、大小、肝组织有无白色或淡黄色的小结节。肝导管及胆囊有无发炎及肿大，必要时剪割肝、胆管，用剪刀背压出其内容物，以便发现肝片吸虫及球虫卵囊（患肝球虫病的肝管内容物用挤压法挤出后置于低倍显微镜下观察，可以检出卵囊）。当家兔患有多种传染病和寄生虫病时，肝脏大都发生病变。因此，为保证产品质量，对肝脏必须加强复检（包括出口、内销等的肝），有专人负责处理。

心、肝、肺的检查，主要是检查球虫、线虫、血吸虫、钩虫及结核病等炎症。

胃、肠的检查，主要是检查其浆膜上有无炎症、出血、脓肿等病变。检查脾脏，视其大小、色泽、硬度，注意有无出血、充血、肿大和小结节等病变，同时还须进行肾脏检查。

2. 胴体检验　家兔的胴体检验，放在整个检验的最后一个环节，为保证冻兔肉的产品质量，在胴体检验过程中，必须做到细心观察，逐个检验。一般分为初检和复检。

（1）初检　主要检查胴体的体表和胸、腹腔炎症，对淋巴结、肾脏主要检验有无肿瘤、黄疸、出血和脓疱等。

（2）复检　主要对初检后的胴体进行复查工作，这一环节，是卫生检验的最后一关。在操作过程中，要特别注意检验工作的消毒，严防污染。

胴体检查时，用镊子与剪刀进行固定，打开腹腔，检查胸、腹有无炎症、出血及化脓等病变，并注意有无寄生虫。检查前肢和后肢内侧有无创伤、脓肿，然后将胴体转向背面，观察各部位有无出血、炎症、创伤及脓肿。同时也必须注意观察肌肉颜色，正常的肌肉为淡粉红色，深红色或暗红色则属放血不完全或者是老龄兔。

检验后，应按食用、不适合食用、高温处理等分别放置。在检验过程中，除胴体上小的伤斑应进行必要的修整外，一般不应划破肌肉，以保持兔肉的完整和美观。

3. 处理原则　在兽医卫生检查过程中，经常发现家兔患有各种不同的传染病或寄生虫病，对于这些患病的胴体，应根据我国肉食品检验规则和出口要求作不同处理。

四、分级和分割

（一）分级

1. 拆骨　兔肉在拆骨前应先过秤，以便计算出肉率。大多利用不能作带骨兔肉的胴体进行拆骨。拆骨时先拉出肾脏。拆前肢时，要将肋骨上的肌肉划下，再拆肩胛骨、前臂骨及肱骨。拆后肢时，先拆下骨盆，再拆股骨和胫骨、腓骨，然后自后而前将脊椎骨拆下。操作时，要使拆的平面骨上和圆骨上不带肉，脊椎骨、小骨突的凹部肌肉应用尖刀剔除，并拆下里脊肉和颈脊顶部的肌肉，除颈椎下部略带肉外，脊椎骨及肋骨上应不带肌肉。兔肉拆下后，肉上应不带骨及骨屑，每只兔肉连成一整块，尽量减少碎肉，将脱落的碎肉包入整肉内。拆骨时下刀要轻、快、准，不留小骨架、骨渣、碎骨（特别是脊椎上的碎骨）、软骨及伤斑。拆骨刀尖一般保持 0.5 厘米。一旦发现断刀尖事故，应立即停止拆骨，直到找到刀尖为止。

2. 分级　带骨兔肉（图 2-3）按重量分级。

图 2-3　欧洲超市冷鲜整只兔

特级：每只净重 1 500 克以上。

一级：每只净重 1 001～1 500 克。

二级：每只净重 601～1 000 克。

三级：每只净重 400～600 克。

(二) 分割兔肉

前腿：在胸腰椎间切断，沿脊椎骨中线切开分成两半，去净脊骨、胸骨和颈骨。

背腰肉：从第 10～11 肋骨间向后至腰荐椎处切下。

后腿肉：切去腰背后，沿荐椎中线切开分成两只。

去骨后不能夹带碎骨和软骨，按重量整形。然而，欧洲的宰杀、去内脏和兔肉分割与中国方式不一样（图 2-4、图 2-5、图 2-6、图 2-7）。

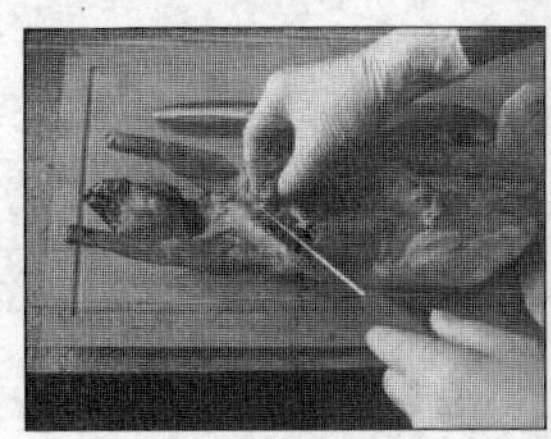
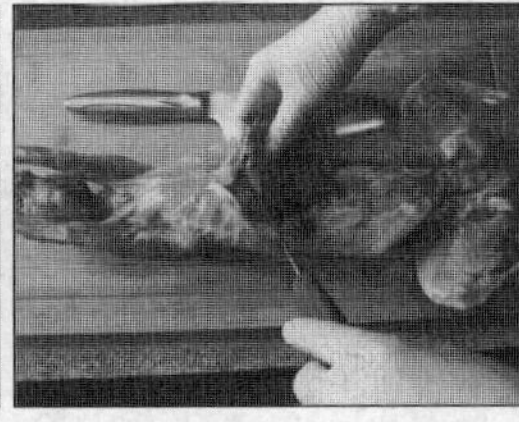
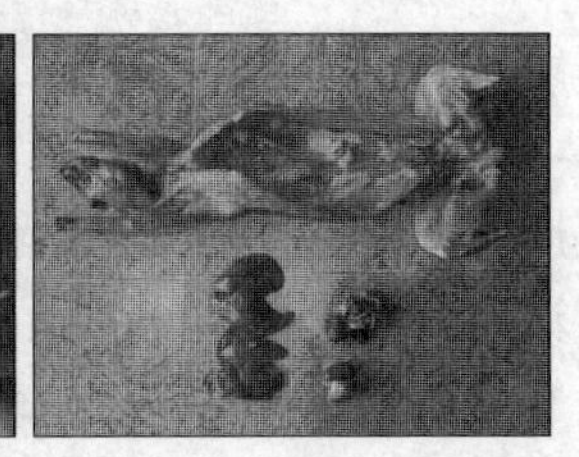

图 2-4　去内脏

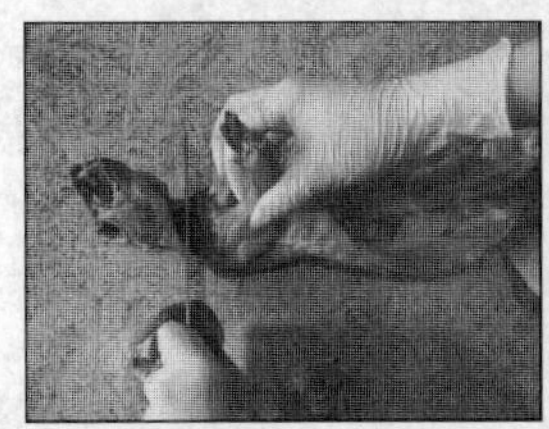
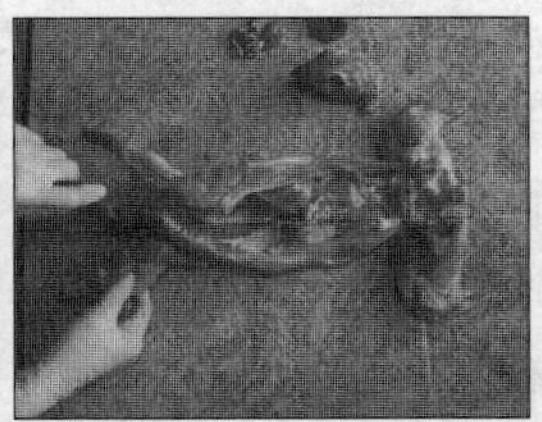
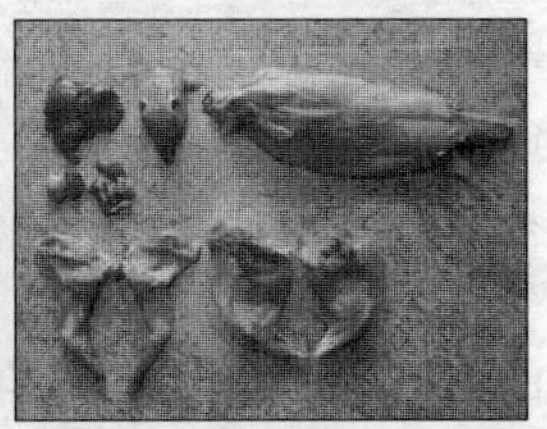

图 2-5　去头和四肢

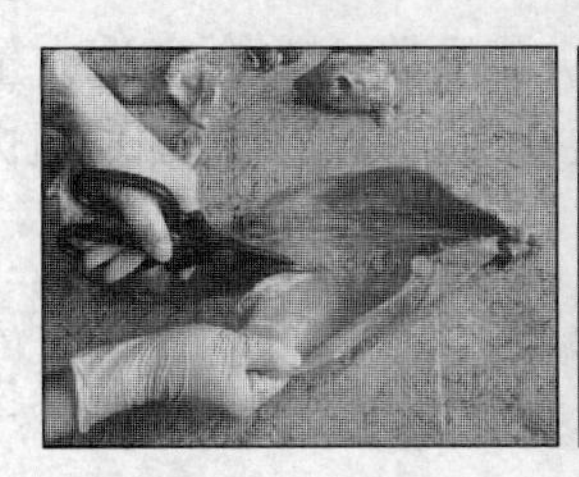

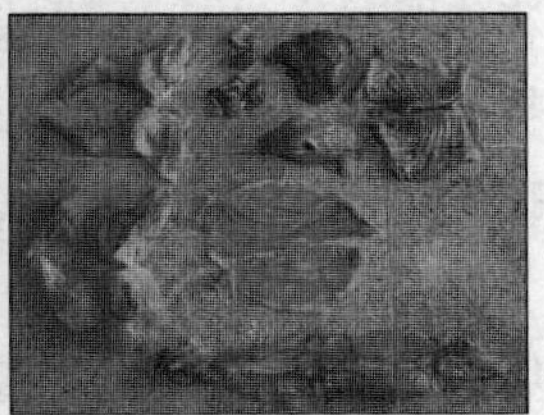

图 2-6　分割腹肌、肋骨

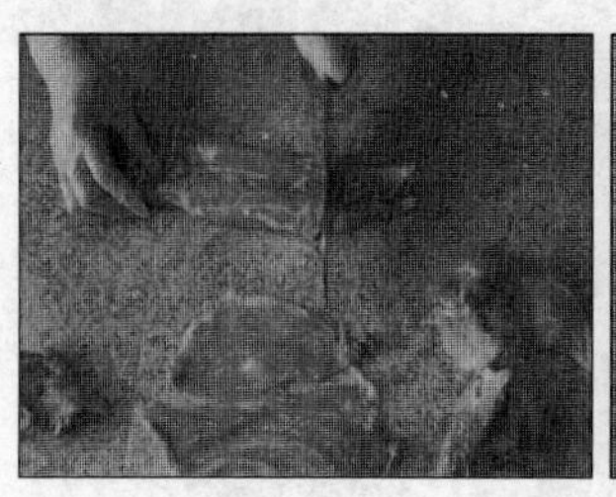

图 2-7 背部分段、完成分割

第二节 兔肉贮运保鲜技术

一、兔肉宰后变化与食用品质

(一) 兔肉的成熟

肌肉在宰后并不是立即停止所有活动的，而是在几小时甚至十几天内还要发生许多物理、化学的变化，这些变化还受很多因素的影响。

1. 宰后 pH 下降 由于乳酸不断积累而引起肌肉 pH 下降是动物宰后最重要变化之一，但放血后 pH 下降的速度以及 pH 总体下降的程度差异很大。

兔肉中正常的 pH 下降模式是从活体肌肉的 7.4 开始，在宰后 6～8 小时内下降到 5.6～5.7，大约 24 小时后最终 pH 达到 5.3～5.7。

pH 快速而过度的下降会使肉颜色苍白、持水力降低，后者会使肉的切面过湿，严重时会有液体从肉的切面上滴下来。反之，肌肉在转化成食肉的过程中如果保持较高的 pH，则会出现颜色发暗、切面干燥的现象，这是因为自然存在的水被蛋白质牢牢束缚住了。

2. 宰后产热和散热 放血后作为肌肉中重要的温度控制机制的循环系统被破坏了，胴体内部散热较慢。因此，持续进行的代谢作用会使肉的温度在放血后很快升高。糖原的快速降解，表现为 pH 的快速下降，并会产生大量的热，导致胴体的冷却速度减慢。要避免肌肉蛋白的变性，必须采取加快肌肉散热的措施。

与屠宰操作有关的外界因素也会影响热量的散发。例如，进行烫洗和烘烤处理的胴体散热速度必然要慢，屠宰间的温度、屠宰和修整的时间及致冷设备的温度都对胴体温度的下降有着重要的影响。

3. 兔肉的尸僵 肌肉向食肉转化过程中发生的最强烈的变化之一是肌肉

的死后僵直。尸僵即指胴体在宰后一定时间内，肉的弹性和伸展性消失，肉变成紧张、僵硬的状态。

宰后贮藏期内僵直缓慢解除，肉变得柔软，但无法恢复到尸僵前的状态。肌肉紧张性的下降被称作尸僵的“溶解”或“解僵”。

4. 兔肉的解僵和成熟

(1) 解僵　指兔的肌肉在宰后僵直达到最大限度并维持一段时间后，其僵直缓慢解除、肉的质地变软的过程。解僵所需要的时间因动物、肌肉、温度以及其他条件不同而异。在0～4℃的环境温度下，兔肉需要3～4小时。

(2) 成熟　是指尸僵完全的兔肉在冰点以上温度条件下放置一定时间，使其僵直解除、肌肉变软、系水力和风味得到很大改善的过程。由此可见，肉的成熟过程实际上包括肉的解僵过程，二者所发生的许多变化是一致的。

(3) 参与蛋白水解的有关酶类　有研究表明，骨骼肌中存在的几种酶系统对肌原纤维蛋白的降解有一定的作用，这些酶包括肌浆钙离子激活因子、多元蛋白酶复合体（这两者存在于肌浆中）和组织蛋白酶（只存在于肌纤维的溶酶体中）。但起主要作用的是肌浆钙离子激活因子和组织蛋白酶。

二、兔肉新鲜度判断技术

(一) 兔肉的腐败

在有较多微生物存在的情况下，肉类很容易产生腐败现象。肉在成熟过程中的分解产物，为腐败微生物生长、繁殖提供了良好的营养物质。一旦温度和湿度等条件适宜，微生物大量繁殖而导致肉中蛋白质、脂类以及糖类的分解，形成各种低级产物，使肉品质量发生根本性的变化。

引起腐败的原因主要是由污染在肉表面的细菌繁殖所致。健康动物的肌肉内除淋巴结可能带菌外，肉的深层一般是无菌的。但在屠宰加工过程中，肉的表层难免要污染细菌，在适宜条件下细菌大量繁殖，并向肉的深部侵入。其次，是动物在生前就已患病，细菌在生前可能就已蔓延至肌肉和内脏，或者动物抵抗力十分低下，肠道寄生菌乘机侵入，或者由于疲劳过度使肉的成熟过程进行得很微弱，肉中酸度没达到足以抑制细菌生长的程度。

当肉出现腐败时，构成肉类食品的各种化学成分出现各种分解：

1. 肉中蛋白质的分解　肉中的蛋白质在芽孢杆菌属、假单胞菌属等分泌的蛋白酶和肽链内切酶等作用下，首先分解成多肽并经断裂形成氨基酸。氨基酸进一步分解成相应的胺类、有机酸类和各种碳氢化合物，肉品即表现出腐败特征。当然由微生物所引起的蛋白质的腐败分解作用并非千篇一律，而是视其性状、外界条件、侵入肉块的微生物种类而定。

2. 肉中脂肪的分解　肉中脂肪的变质主要是酸败，主要是经水解与氧化产生相应的分解产物。分解是在微生物或动、植物组织中的解脂酶作用下使食物中的中性脂肪分解成甘油和脂肪酸。脂肪酸可进而断链形成具有不愉快味道的酮类或酮酸，不饱和脂肪酸的不饱和键处还可形成过氧化物。脂肪酸也可分解成具有特异臭的醛类和醛酸，即所谓的“油哈”气味。

3. 肉品中糖类的分解　肉品中的糖类在微生物及动物组织中的各种酶及其他因素作用下，可发生水解并顺次形成低级产物，如醛、酮、羧酸直至二氧化碳和水，同时使肉品带有这些产物特有的气味。

（二）兔肉新鲜度的检测

1. 感官检测　感官检验是参照兔肉的色泽、黏度、弹性、气味及煮沸后肉汤的情况加以判断。将抽取微生物检验试样后的全部样品，置于自然光或者相当于自然光的感官评定室来鉴别。

（1）新鲜兔肉（一级鲜度）　肌肉有光泽，红色均匀。外表微干或有风干膜，不黏手，指压后凹陷立即恢复。煮沸后肉汤透明、澄清，具有特有香味。

（2）次鲜兔肉（二级鲜度）　肌肉色稍暗，切面尚有光泽，外表干燥或黏手，指压后凹陷恢复慢，且不能完全恢复，稍有氨味或酸味，煮沸后肉汤稍混浊，香味差或无鲜味。

（3）腐败兔肉　肌肉呈褐色，切面呈灰白色或浅绿色，表面高度干燥，指压后凹陷不恢复，煮沸后肉汤污浊并带有絮状物，散发恶臭和腐败气味。

2. 理化检验

（1）挥发性盐基氮的测定　蛋白质分解后，所产生的碱性含氮物质具有挥发性。因此，测定被检肉中的总挥发性盐基氮，可以测定兔肉的新鲜度。

（2）氨的检验　定量检查常用纳氏试剂法，新鲜兔肉氨含量应在2毫克/千克以下，次鲜兔肉含量在0.2～0.3克/千克，含量在0.31～0.45克/千克时兔肉已经腐败。

（3）硫化氢试验　肉在腐败时产生硫化氢，与碱性醋酸铅反应产生黑色的硫化铅。

（4）pH的测定　肉腐败变质时，由于肉中蛋白质在细菌及其酶的作用下被分解为氨和胺类化合物等碱性物质，使肉趋于碱性，其pH比新鲜肉高。因此，肉pH的升高幅度，在一定范围内可以反映肉的新鲜程度。

3. 微生物检验 肉的腐败是由于细菌大量繁殖，导致蛋白质分解的结果。故检验肉的细菌污染情况，可以判断其新鲜度。常用的检验方法有细菌菌落总数测定，大肠菌群最近似数、致病菌检验等。

三、贮运保鲜技术

（一）冷藏技术

1. 兔肉的冷却保存 冷却保存是肉及肉制品保存方法中最常用的一种，它是将兔肉冷却到0℃左右进行贮藏，这样的温度能有效地抑制微生物的生长和繁殖，因而能使肉品得以短期保存。由于冷却保存耗能少、设备简单、投资较低，适宜于保存在短期内加工的兔肉和不宜进行冻藏的兔肉制品。

（1）冷却方法和条件 目前兔肉的冷却主要采用空气冷却，即通过各种类型的冷却设备，使室内温度保持在1～4℃，兔肉冷却终温通常以0℃左右为好。肉类在冷却时，开始阶段导出热量最大。因此，冷却室在未进货之前温度降低至－4～－2℃，这样在进货结束之后，可以使库内温度不会突然升高，维持在0℃左右进行冷却。

（2）冷却兔肉的贮存 一般以贮藏温度恒定为－1～1℃为宜。库房升、降温度不得超过0.5℃，进库时升温不得超过3℃。为保持兔肉在贮存过程中的品质，应维持贮存温度恒定在5℃以下。肉品贮存时间的长短视产品性质而定，兔肉及其他畜禽类肉冷却贮存时间如表2-1。

表2-1 冷却肉贮藏时间

项目	温度（℃）	相关湿度（%）	预计贮藏期（天）
兔肉	0	85～90	7～20
牛肉	1.5～0	90	28～35
小牛肉	－1～0	90	7～21
羊肉	－1～0	85～90	7～14
猪肉	－1.5～0	85～90	7～14
全净膛鸡	0	80～90	7～11

2. 兔肉的冷冻保存

（1）兔肉的冻结方法 肉的冻结是指肉中所含水分部分或全部变成冰的过

程。冻结要求的最终温度通常为−18～−15℃，可抑制微生物的活动，防止肉品变质，但也会产生冰结晶，影响肉的品质。

（2）兔肉的冻结条件 冻结肉的冷藏室空气温度越低，则冻结肉的质量越好。但是冻结肉类还必须考虑它的经济性。通常认为，冷冻到−20～−18℃对大部分肉类来讲是最经济的温度，在此温度下，肉类可以耐半年到一年的冷结贮藏，保持其商品价值。如果肉类进入冷库时，它的温度能与冷藏室温度一样最为理想，但一般肉体温度高于冷藏室温度，肉体温度最少要下降到−18℃进冷库才最经济，且质量的变化也很小。

（3）冷冻设施 冷冻加工间主要包括冷却室、冷藏室和冻结室等。规模中等的冻兔肉加工厂，由于屠宰间一般都设在厂房顶楼，所以肉类冷却室也应设在顶楼，以便与屠宰间相接，顺次为冷藏室、冻结室，而冻结室则应设在底楼，以便直接发货或供其他加工间临时保藏。冷却、冷藏及冻结室内应装有吊车单轨，轨道之间的距离一般为600～800毫米，冷冻室的高度为3～4米。

（二）高压处理

1. 高压基本原理 所谓的食品高压处理就是使用100兆帕以上（100～1 000兆帕）的压力（一般是静水压），在常温下或较低温度下对食品物料进行处理，从而达到灭菌、物料改性和改变食品的某些理化反应速度的效果。食品在液体介质中，加压100～1 000兆帕作用一段时间后，食品中的酶、蛋白质和淀粉等生物高分子物质分别失去活性、变性或糊化，同时杀死细菌等微生物达到灭菌。但在此过程中高压对形成蛋白质等高分子物质及维生素、色素和风味物质等低分子化合物的共价键无任何影响，从而使食品保持其原有的营养价值、色泽和天然风味。因此，高压处理比热处理的优点更显著，尤其是在崇尚天然低温加工食品的今天，高压处理的研究和发展更具有现实意义。

2. 高压在肉类加工中的应用

（1）高压对肉类的作用 经高压处理可改善肉质。给兔腿肉以100～200兆帕的压力处理后，再经75℃、1.5小时的加热处理，肉的感观评价及断裂应力（WB剪切力）见表2-2。死后僵硬期前的肉进行高压处理后的肉断裂应力值低，多汁性略差，肉质变柔软，形态改善。在僵硬期后的肉只用高压处理，与不进行高压处理的肉，其各个项目基本相同。采用高压和加热共用，则可使各种项目接近僵硬期前肉的各种项目指标，肉质可变软、嫩化。

表 2-2　高压处理后兔腿肉经熟加工处理的感官指标及断裂应力

项目[a]	感官评分及断裂应力				
	僵硬期前		僵硬期后		不进行处理
	高压处理[b]	高压加热[c]	加热处理[d]	高压处理[e]	
柔韧性	39.4	40	82.5	82.1	84.1
多汁性	35.4	42.4	38.6	29.1	30.7
形态性	4.8	4.4	1.3	1.3	1.2
断裂应力	4.7	3.9	13.7	12.8	13.6

注：a. 柔韧性：0 为最软，100 为最硬；多汁性：0 为非常多汁，100 为极其少汁；形态性：0 为最差，8 为最好。b. 在 103.5 兆帕、35℃条件下处理 4 分钟。c. 在 150 兆帕、50℃条件下处理 1 小时。d. 在 50℃时处理 1 小时。e. 在 150 兆帕、25℃条件下处理 1 小时。

（2）高压的杀菌作用　微生物在高压下其形态、细胞的膜结构、细胞壁等都会发生变化。这些变化在几十个兆帕、60℃以下，一般是可逆的，在常压状态即可恢复。压力再升高，则这些变化就不可逆，引起微生物死亡。在进行加压处理时，除压力外，温度的选择很重要。例如，面包酵母在室温加压死亡，压力必须达 300 兆帕以上，而在－20℃时，200 兆帕就可以使其死亡。对肉及肉制品，在 20℃时，大肠杆菌、葡萄球菌、肠球菌、绿脓杆菌、沙门氏菌等在 200 兆帕压力下，基本没有死亡。在 300 兆帕以上压力时，大肠杆菌、绿脓杆菌、沙门氏菌可以被杀灭，杀灭的程度取决于压力保持时间。

（3）高压的保藏作用　把兔肉真空包装后在 5℃及－5℃下保藏 5 天，测肉的汁液流失量。在常压下、－5℃保藏的肉汁液流失量大。在 60 兆帕、5℃或－5℃保藏的肉汁液流失量基本没有产生。肉的汁液中含有各种酸类、盐类、萃取物质、可溶性蛋白质及维生素、呈味成分等，汁液流失会使肉营养价值下降，风味变差。影响汁液流失的主要因素有细胞和纤维在保藏过程中受到冰晶体的破坏，细胞中蛋白质的饱胀力受到损害，冻结使组织内产生溶质重新分配及浓缩，使组织内产生一系列生化变化，使组织结构变化、有机物质分解等。速冻和超低温保藏，可最大限度地减少汁液流失，其实质就是使肉类保藏质量更好。

（三）辐射

1. 辐射杀菌机理　辐射能使细胞分子产生诱发辐射，干扰微生物代谢，生理生化反应延缓或停止，新陈代谢中断、甚至死亡。辐射能破坏细胞内膜，引起酶系统紊乱而致死。此外，水分经辐射后离子化，即产生辐射的间接效应，再作用于微生物，也将促进微生物的死亡。

2. 辐射在肉及肉制品中的应用

(1) *控制旋毛虫* 旋毛虫幼虫对射线比较敏感，用100戈瑞的γ射线辐射，就能使其丧失生殖能力。因而将猪肉在加工过程中通过射线源的辐照场，使其接受100戈瑞γ射线的辐照，达到消灭旋毛虫的目的。

(2) *延长货架期* 兔肉^{60}钴γ射线8 000戈瑞照射，细菌总数从2万个/克下降到100个/克，在20℃恒温下可保存20天，夏季30℃高温下在室内也能保存7天，对其色、香、味和组织状态均无影响。

(3) *灭菌保藏* 新鲜兔肉经真空封装，用^{60}钴γ射线15 000戈瑞进行灭菌处理，可以全部杀死大肠杆菌、沙门氏菌和志贺氏菌，仅个别芽孢杆菌残存下来，这样的兔肉在常温下可保存2个月。用26 000戈瑞的剂量辐照，则灭菌较彻底，能够使鲜兔肉保存1年以上。

(四) 低温兔肉制品综合保鲜技术（含生物技术保鲜）

1. 包装改进 不同成分的包装膜，各有不同的功能特点。聚偏二氯乙烯(PVDC)对氧气、水蒸气有很高的阻隔性。尼龙（PA）对气体阻隔性强，对水蒸气的阻隔性差，但它有较好的机械强度，弹性好、耐压力。聚丙烯（PP）对水蒸气的阻隔性强，但对气体阻隔性差，挺度、质感较好。聚对苯二甲酸乙二醇酯（PET）对气体阻隔性强，对水蒸气的阻隔性差。聚乙烯（PE）对水蒸气的阻隔性差，但机械性能好。目前已有复合膜上市，它们以这几种成分的优点互补，形成质量较好的阻隔性包装膜，如PA/PE复合膜。

2. 高效、天然、生物防腐剂的开发应用 随着人们对健康的要求越来越高，肉品储藏保鲜添加剂将向高效、天然或生物防腐方向发展，逐步或部分取代现行的诸多化学合成添加剂。壳聚糖、乳酸菌及细菌素、纳他霉素、红曲色素、抗菌肽等在肉制品加工中添加时具有明显保鲜效果。根据栅栏技术理论，复配型防腐剂不仅降低了单一添加剂使用的强度，而且扩大了抑菌范围，提高了防腐效果。

(1) *乳酸钠与尼生素的添加应用* 乳酸钠和尼生素联合添加于真空包装切片西式火腿中增加了微生物安全性，同时亚硝酸钠添加量由120微克/克降为60微克/克，证明了降低亚硝酸钠的可行性，较好地解决了目前切片非无菌化包装货架寿命短的问题。10℃储藏，单独添加300国际单位/毫升尼生素和单独添加1.5%乳酸钠的切片乡村火腿货架寿命均可达21天，而两者联合应用则可达56天，显示了低温肉制品非致冷可储藏的潜力。

（2）壳聚糖的应用　在西式火腿中壳聚糖添加量≥0.1%时，有较可靠的抑菌效果。虽然壳聚糖具有广谱抗菌特性，对于常见病原菌、腐败菌、食物中毒菌等细菌、霉菌以及酵母菌的抑制和杀灭作用较强；然而对大肠杆菌、福氏痢疾杆菌、炭疽杆菌和白色念珠菌等只有抑制作用，没有杀灭作用。壳聚糖的抑菌、杀菌作用受条件制约。

（3）乳酸菌的生物防腐　所谓生物防腐，指的是采用乳酸菌株作为一种保护菌株，以抑制食品中的腐败菌和致病菌，是一种有别于化学防腐剂的附加生物保护屏障，为产品提供高度的安全性。乳酸菌的抑菌作用，是通过其在发酵时所产生的乳酸，使产品的pH下降，从而抑制或延缓产品中腐败菌和致病菌的生长，达到保护产品并延长其货架期的目的。

（4）双乙酸钠和葡萄糖酸内酯复合防腐剂　将双乙酸钠和葡萄糖酸内酯分别用水溶解后与其他辅料相混合，加入待腌制的肉块中进行腌制，其他既定工艺不变，添加量分别为双乙酸钠0.06%、葡萄糖酸内酯0.01%，这样生产的香肠或火腿制品均有较好的保鲜效果。

（5）其他　生姜、肉桂、迷迭香抽提物、荔枝精油、单辛酸甘油酯（中链脂肪酸）等也具有延长低温肉制品货架寿命的作用。

（五）即食兔肉制品的保鲜

1. 即食肉制品的概念　即食肉制品是随着人们生活节奏的加快，旅游业、超市业的兴旺以及家务劳动社会化的发展，为满足消费者快捷、方便、安全的需求而发展起来的一类即开即食的方便食品。包括诸多低温肉制品（如西式火腿、西式香肠、中式酱卤制品、烧烤制品）、高温肉制品（如火腿肠、软罐头肉制品）、各种肉干制品（如肉干、肉脯、肉松）、发酵肉制品（如色拉米、干和半干香肠）、经过熟化的传统腌腊制品（如腊肠、金华火腿、香肚）等。

2. 控制原、辅料中微生物的初始存在状况　肉制品腐败变质主要是由于微生物生长繁殖和脂肪酸败造成的。在一般情况下，肉制品尤其是高湿肉制品的腐败主要是由于细菌生长繁殖造成的。因此，控制原、辅料中芽孢菌的初始存在状况是保证肉制品耐储藏条件中的一个关键要素。

3. 对辅料及香辛料进行无菌化处理　工业化发达的国家在肉制品生产中，通常使用香辛料的提取液，这样可减少芽孢菌的污染。由于我国的精细化工还比较落后，生产的香精油成本高且使用效果不十分理想。因此，我国肉制品的生产主要是以使用香辛料原料粉为主。对辅料、香辛料的无菌化处理是生产耐储藏肉制品的一个关键控制点。

4. 工艺环节　原料肉采用自然解冻方式，肉馅腌制前后均需用真空搅拌，采用真空灌肠机充填，产品需真空包装。

5. 控制二次污染　如何将二次污染控制到最小限度，是肉制品保鲜又一关键。据我们对包装环境、人手及工具的卫生状况检查（表2-3），发现如果不对包装间的环境及工作条件进行严格的卫生管理，那么整个包装过程就会成为对产品的接菌过程。因此，必须对包装间的环境及工作器具进行严格的卫生管理。首先，每天要对包装间的环境进行彻底的清扫。然后，在每天工作前采用紫外灯照射灭菌40～60分钟，使空气落菌降至10个/厘米^{2}以下。

表2-3　包装间工作环境卫生状况调查

项　目	杂菌总数（个/厘米^2）
空气落菌	10^2～10^3
人手	10^4～10^6
工作台面	10^3～10^5
电子秤面	10^3～10^5
塑料周转箱	10^2～10^3
工作服	10^4～10^7

6. 应用“栅栏技术”理论控制产品的水分活度　水分活度实质上是指肉制品中所含可供微生物生长的水量。水分活度值越高，肉制品中可供微生物生长的水量就越大，产品越易腐败。反之，水分活度值越低，肉制品越稳定。因此，控制水分活度是保证肉制品稳定货架期的关键要素之一。

降低水分活度的方法很多，如干燥脱水法、冷冻干燥法或通过在肉制品中添加一些食品添加剂以及吸附供微生物利用的水，从而降低肉制品的水分活度。肉制品添加的许多辅料，如食盐、磷酸盐、糖、淀粉、大豆蛋白等有降低肉制品水分活度的作用。在实际生产中，通常采用添加食品添加剂与热风干燥配合，以降低肉制品的水分活度。

（六）新包装技术

1. 新含气包装烹饪兔肉食品保鲜加工技术　将预处理的食品原料及调味汁装入高阻隔性的包装袋或盒中，进行气体（氮气）置换包装，然后密封。气体置换的方式有3种，其一是先抽真空，再注入氮气，置换率一般为99%以上；其二是通过向容器内注入氮气，同时将空气排出，置换率一般为95%～98%；其三是直接在氮气的环境中包装，置换率一般为97%～98.5%。通常采用第一种方式。

2. 真空冷却红外线脱水保鲜技术　真空冷却红外线脱水（V-CID）是在不活泼气体氮气的环境下，通过电脑控制装置进行降压除去组织中一定的水分。为了防止由于降压所造成的温度下降，可由红外线装置提供热量，使整个脱水过程维持在5～15℃条件下进行。脱水之后，充氮气包装，食品的原汁、原味被完整地保存下来。经此设备处理的生食品在0～5℃的冷藏状态下可保鲜1个月。

3. 除氧包装保鲜技术　除氧剂和除氧保鲜技术是20世纪60年代发展起来的一种新型、廉价、无毒无害且使用方便的食品常温保鲜技术。随着我国改革开放和人们生活水平的提高，健康意识增强，尤其是超市和小包装的兴起，使这一技术越来越受到人们的重视，现已广泛应用于粮食、烟、茶、肉制品以及带油食品、药品等各个方面，成为我国当前食品常温保鲜的主要技术之一。

除氧剂是除氧保鲜技术的一个组成部分。除氧保鲜技术还包括食品包装袋、被保鲜食品的品质以及相关的测试技术。除氧剂按国外分类，分为铁基除氧剂和非铁基除氧剂两大类。铁基除氧剂除氧效率高、成本低，现在市场销售的除氧剂都是铁基除氧剂。非铁基除氧剂因效率低、成本高，除某些特定产品使用外，现已基本被淘汰。铁基除氧剂的除氧原理很简单，就是铁粉的氧化生锈。铁基除氧剂又分为3种型号：高湿型、快速型和通用型。高湿型用在水分活度为0.75～1.00、含水量高的食品保鲜，快速型用于水分活度在0.65～1.00的易腐食品保鲜，通用型用在水分活度为0～0.75的食品保鲜。除此之外，还有防油型用于含油量高的食品保鲜。

从表2-4可知，对用透明塑料的小包装肉制品保鲜，除氧保鲜效果远优于充气保鲜和真空保鲜。充气保鲜和真空保鲜适用于不透气的玻璃、铁罐或铝塑薄膜容器，对透气的透明薄膜包装袋效果是不理想的。

表2-4　除氧保鲜与充气和真空保鲜效果比较

内　容	除氧保鲜	充气保鲜	真空保鲜
保鲜原理	吸除包装袋中的氧气	充入二氧化碳或氮等中性气体，使包装袋中的氧浓度降低	将包装袋内空气抽出，使氧气浓度降低
除氧效果	除氧剂除氧效率近100%，除氧彻底，余氧在10万分之1以下	除氧不完全，通常余氧在2%左右	除氧不完全，通常余氧在2%左右

（续）

内　容	除氧保鲜	充气保鲜	真空保鲜
保质期内	只要除氧剂能力够，可长期维持无氧状态	随时间延长，包装袋内的氧气不断增加，保鲜逐渐失效	随时间延长，包装袋内的氧气不断增加，保鲜逐渐失效
保鲜效果（防霉）	完全，不长霉	含氧量超过0.5%即可长霉，不能完全抑制霉菌生长	含氧量超过0.5%即可长霉，不能完全抑制霉菌生长
防虫	可完全防止虫蛀	不完全	不完全
防哈	可完全防止哈败	油脂在低氧条件下仍会氧化变质，氧气会不断透入，不完全防止哈败	油脂在低氧条件下仍会氧化变质，氧气会不断透入，不完全防止哈败
防变色	可完全防止褪色	不完全防止	不完全防止
防陈化、老化、保持风味	完全	随时间延长氧气不断透入，风味变坏	随时间延长氧气不断透入，风味变坏
保持营养	效果更佳	随时间延长氧气不断透入，营养逐渐损失	随时间延长氧气不断透入，营养逐渐损失

第三章

兔肉制品加工技术 >>>>>

第一节 兔肉加工特性

一、兔肉营养特点及功能

兔肉在国外有芙蓉肉之称，在我国有保健肉、美容肉、益智肉之称。兔肉属高蛋白、高赖氨酸、低脂肪、低胆固醇、低热量、高消化率的肉类。其蛋白质为完全蛋白质，含有人体不能自身合成的 8 种必需氨基酸，为老年人及心血管、肥胖病患者理想的动物性食品。兔肉胆固醇含量很少，且卵磷脂含量较多，具有较强的抑制血小板凝聚作用。人类营养所需的多种矿物质、维生素等在兔肉中也很丰富。食用兔肉，对于预防和减少中老年人高血压、冠心病、动脉硬化等心脑血管疾病具有十分重要的意义。

二、兔肉理化性质

(一) 兔肉的化学组成

兔肉是一种白色肉类，其在人体内消化率达 90%以上。兔肉中蛋白质含量约占 21.37%，高于猪肉、羊肉、鸡肉和牛肉。兔肉中赖氨酸及无机盐含量也高于其他肉类。尤其是兔肉中钙的含量比猪、牛、羊肉丰富。此外，兔肉中维生素含量，特别是烟酸含量（每 100 克兔肉中约含 12.8 毫克）是猪、牛、羊肉的 3～4 倍。兔肉中脂肪含量约为 9.78%，低于猪、牛、羊肉，略高于鸡肉。兔肉中不饱和脂肪酸含量高，胆固醇含量低，磷酸酯含量高于其他肉类。兔肉化学组成详见表 3-1、表 3-2 和表 3-3。

表 3-1 兔肉营养成分（%）

水分	蛋白质	脂肪	碳水化合物	无机盐	胆固醇（毫克/千克）	赖氨酸
66.58	21.37	9.76	0.77	1.52	650	9.6

表 3-2 兔肉中维生素含量

维生素	硫胺素（毫克/千克）	核黄素（毫克/千克）	尼克酸（毫克/千克）	吡哆醇（毫克/千克）	泛酸（毫克/千克）	叶酸（微克/千克）	生物素（微克/千克）
含量	1.1	3.7	21.20	0.27	1.10	40.60	2.80

表 3-3 兔肉中矿物质含量（毫克/千克）

矿物质	锌（Zn）	钠（Na）	钾（Ka）	钙（Ca）	镁（Mg）	铁（Fe）	磷（P）
含量	54	393	2 000	130	145	29	175

（二）兔肉保水性

兔肉保水性很高。保水性也叫系水力，是指当肌肉受到外力作用时，如加压、切碎、加热、冷冻、解冻、腌制等加工或者储藏条件下保持其原有水分与添加水分的能力。它是肉品质评定的重要指标之一。系水力的高低直接影响肉的风味、颜色、质地、嫩度、凝结性等。兔肉的保水性是畜禽肉中最高的，经常被用作与其他肉类混合加工原料，以增强制品的黏性。

三、兔肉脱腥方法

兔肉具有一种特殊的腥味，如同鱼腥味、羊肉膻味一样。兔肉腥味成分复杂，这些成分会对兔肉产品的风味造成影响。兔肉中含有一些特殊风味成分，这些特有的气味构成了兔肉固有的特色。一般认为兔肉腥味主要是由公兔阴茎背侧皮下、母兔阴蒂背侧皮下的白色鼠鼷腺和褐色鼠鼷腺的分泌物造成的。常见兔肉除腥方法如下：

1. 公兔崽出栏前 1 个月去势后育肥。

2. 加工烹调过程中添加去腥味作用的香辛料，如月桂叶、鼠尾草、麝香草等，或者加入料酒、食醋、生姜等。

3. 将芹菜、姜、葱和八角煮水约半个小时，冷却后加入料酒，将待加工兔肉清洗干净后放入其中腌制 2～3 个小时去腥。

第二节 兔肉制品加工中常用辅料及特性

为了改善和提高肉制品的感官特性及品质，延长肉制品的保存期，肉制品加工生产过程中，除主料外，常需添加一些其他可食性物料，这些物料称为辅料或者配料。正确使用辅料，对提高肉制品的质量和产量，增加肉制品的花色品种，提高其营养价值和商品价值，保障消费者的身体健康有重要的意义。辅助材料的广泛应用，带来了肉制品加工业的繁荣，同时引起了一些社会问题。在肉制品加工的辅助材料中，有少量物质对人体具有一定的副作用，因此生产者必须认真研究和合理使用辅料。

一、配料及特性

（一）盐

食盐主要成分是氯化钠，味中性、呈白色细晶体。食盐具有调味、防腐保鲜、提高保水性和黏着性等重要作用。食盐对人体维持正常生理、调节血液渗透压和保持体内酸碱平衡均有重要作用，是人体不可缺少的物质。但高盐食品容易导致高血压病，有些加工厂用氯化钾、氯化钙取代部分氯化钠，但食品味道不佳。日本广岛大学也研制了一种不含钠但有咸味的人造食盐，是由与鸟氨酰和甘氨酸化合物类似的22种化合物合成并加以改良后制备而成，称其为鸟氨酰牛磺酸，味道很难与食盐区别，但售价比食盐高。

（二）谷氨酸钠

谷氨酸钠是肉制品加工中最常用的增鲜料，多为糖质原料经发酵法生产所得。谷氨酸钠为无色至白色棱柱状结晶或结晶性粉末，具特有的鲜味，味觉极限值为0.03%，略有甜味。加热至120℃失去结晶水，约在270℃发生分解。在pH 5以下的酸性或强碱性条件下会使鲜味降低。在肉品加工中，一般用量为0.02%～0.15%。对酸性强的食品可比普通食品多加20%左右，效果较好。除单独使用外，宜与肌苷酸钠和核糖核苷酸等核酸类调料配成复合调味料，以提高效果。

（三）肌苷酸钠

肌苷酸钠是白色或无色结晶或结晶性粉末，性质稳定，在一般食品加工条件下（pH 4～7），100℃加热1小时无分解现象，230℃左右时分解。与L-谷氨酸钠合用对鲜味有相乘效应。遇动植物中磷酸酯酶可分解而失去鲜味。肌苷酸钠有特殊强烈的鲜味，其鲜味比谷氨酸钠大约强10～20倍。一般均与谷氨酸钠、鸟苷酸钠等合用，配制混合味精，以提高增鲜效果。使用肌苷酸钠时应先对物料加热，破坏磷酸酯酶活性后再加肌苷酸钠，以防止其被磺酸酯酶分解而失去鲜味。

（四）5′-鸟苷酸钠

5′-鸟苷酸钠为无色至白色结晶或结晶性粉末，是具有很强鲜味的5′-核苷酸类鲜味剂。100℃温度加热30～60分钟几乎无变化，250℃时分解。5′-鸟苷酸钠有特殊香菇鲜味，鲜味程度约为肌苷酸钠的3倍以上，与谷氨酸钠合用有十分强的相乘效果。亦与肌苷酸二钠混合配制成呈味核苷酸二钠，作混合味精用。

（五）蔗糖

蔗糖是最常用的天然甜味剂。白糖、红糖和砂糖都是蔗糖，其甜度仅次于果糖。果糖、蔗糖、葡萄糖的甜度比为4∶3∶2。肉制品中添加少量蔗糖可以改善产品的滋味，并能促进胶原蛋白的膨胀和疏松，使肉质松软，色调良好。糖比盐更能迅速、均匀地分布于肉的组织中，增加渗透压，形成乳酸，降低pH，有保藏作用。蛋白质与碳水化合物同时存在时，微生物首先利用碳水化合物，减轻了蛋白质的腐败。蔗糖添加量在0.5%～1.5%为宜。

（六）葡萄糖

葡萄糖为白色晶体或粉末，甜度略低于蔗糖。葡萄糖除可以改善产品的滋味外，还有助于胶原蛋白的膨胀和疏松，使制品柔软。葡萄糖的保色作用较好，而蔗糖的保色作用不太稳定。不加糖的制品，切碎后会迅速褪色。肉品加工中葡萄糖的使用量为0.3%～0.5%。

（七）饴糖

饴糖由麦芽糖（50%）、葡萄糖（20%）和糊精（30%）组成。味甜爽口，有吸湿性和黏性，在肉品加工中常作为烧烤、酱卤和油炸制品的增色剂和甜味助剂。饴糖以颜色鲜明、汁稠味浓、洁净不酸为上品。使用中要注意存放在阴凉处，防止酸败。

（八）酱油

酱油是我国传统的调味料，优质酱油呈味醇厚，香味浓郁。肉制品加工中选用酿造酱油浓度不应低于22波美度，食盐含量不超过18%。酱油的作用主要是增鲜、增色、改良风味。在中式肉制品中广泛使用，使制品呈美观的酱红色并改善其口味。在香肠等制品中，还有促进发酵成熟的作用。

（九）食醋

食醋是以谷类及麸皮等经过发酵酿造而成，含醋酸3.5%以上，是肉和其他食品最常用的酸味料之一。食醋可以促进食欲，帮助消化，亦有一定的防腐和去膻腥作用。食醋在肉食品加工中，可以不受限制地使用，但要以制品风味需要为度。

（十）柠檬酸

柠檬酸为无色透明结晶或白色粉末，无臭，有强烈酸味，临界值为0.002 5%。在食品加工中用途广泛，不仅作为调味料，还用作肉制品的改良剂，可提高肉制品的持水性，也可作为抗氧化剂的增效剂使用。我国对柠檬酸的使用没有限制，可依据生产需要进行添加。

（十一）料酒

料酒是肉制品加工中广泛使用的调味料之一。有去腥增香、提味解腻、固色防腐等作用。由于料酒风味醇美、营养价值较高、功能优良，因而，在肉制品加工中的添加量没有具体数量限定。

（十二）葱

葱属百合科多年生草本植物，有大葱、小（香）葱、洋葱等。葱的香辛味主要成分为硫醚类化合物，如烯丙基二硫化物（二丙烯基二硫、二正丙基二硫等），具有强烈的葱辣味和刺激性。洋葱煮熟后带甜味。葱可解除腥膻味，促进食欲，并有开胃消食以及杀菌发汗的功能。

（十三）蒜

蒜为百合科多年生宿根草本植物大蒜的鳞茎，其主要成分是蒜素，即挥发性的二烯丙基硫化物，如丙基二硫化丙烯、二硫化二丙烯等。蒜有强烈的刺激气味和特殊的蒜辣味，有较强的杀菌能力及压腥去膻、增加肉制品蒜香味和刺激胃液分泌、促进食欲的功效。

（十四）姜

姜属姜科多年生草本植物，主要利用地下膨大的根茎部。姜具有独特强烈的姜辣味和爽口风味。其辣味及芳香成分主要是姜油酮、姜烯酚和姜辣素及柠檬醛、姜醇等。具有去腥调味、促进食欲、开胃驱寒和减腻解毒的功效。在肉品加工中常用于酱卤、红烧等的调香料。

（十五）胡椒

胡椒是多年生藤本胡椒科植物的果实，有黑胡椒、白胡椒两种。胡椒的辛辣味成分主要是胡椒碱、佳味碱和少量的嘧啶。胡椒性辛温，味辣香，具有令人舒适的辛辣芳香，兼有除腥臭、防腐和抗氧化作用。在我国传统的香肠、酱卤、罐头及西式肉制品中广泛应用。

（十六）大茴香

大茴香是木兰科乔本植物的果实，干燥后裂成八九瓣，多数为八瓣，故称八角。八角果实含精油 2.5%～5%，其中以茴香脑为主（80%～85%），即对丙烯基茴香醛、蒎烯、茴香酸等。有独特浓烈的香气，性温微甜。有去腥和防腐作用。

（十七）小茴香

小茴香系伞形科多年生草本植物茴香的种子，含精油 3%～4%，主要成分为茴香脑和茴香醇，占 50%～60%，是肉食品加工中常用的调香料，有增香调味、防腐除膻的作用。

（十八）花椒

花椒为云香科植物花椒的果实。花椒果皮含辛辣挥发油及花椒油香烃等，主要成分为柠檬烯、香茅醇、萜烯、丁香酚等，辣味主要是山椒素。在肉品加工中整粒多供腌制肉制品及酱卤汁用，粉末多用于调味和配制五香粉。使用量一般为 0.2%～0.3%。花椒不仅能赋予制品适宜的辛辣味，而且还有杀菌、抑菌等作用。

（十九）肉豆蔻

肉豆蔻由肉豆蔻科植物肉豆蔻果肉干燥而成。肉豆蔻含精油 5%～15%，其主要成分为蒎烯类化合物（约 80%）。皮和仁有特殊浓烈芳香气，味辛，略带甜、苦味。肉豆蔻不仅有增香去腥的调味功能，亦有一定抗氧化作用。可用整粒或粉末，肉品加工中常用作卤汁、五香粉等调香料。

(二十) 肉桂

肉桂系樟科植物肉桂的树皮及茎部表皮经干燥而成。肉桂含精油1%～2.5%，主要成分为桂醛，约占80%～95%，另有甲基丁香酚、桂醇等。肉桂用作肉类烹饪调味料，亦是卤料、五香粉的主要原料之一，能使制品具有良好的香辛味，而且还具有重要的药用价值。

(二十一) 砂仁

砂仁为姜科多年生草本植物的果实，一般除去黑果皮（不去果皮的叫苏砂）。砂仁含香精油3%～4%，主要成分为龙脑、右旋樟脑、乙酸龙脑酯、芳樟醇等，有樟脑油的芳香味，是肉制品中重要的调味香料，具有矫臭去腥、提味增香的作用。含有砂仁的制品，食之清香爽口，风味别致。

(二十二) 草果

草果为姜科多年生草本植物的果实，含有精油、苯酮等，味辛辣。可用整粒或粉末。肉制品加工中常用作卤汁、五香粉的调香料，起抑腥调味作用。

(二十三) 丁香

丁香为桃金娘科植物丁香干燥花蕾及果实，丁香富含挥发香精油，具有特殊浓烈香味，兼有肉桂香味。丁香是肉品加工中常用的香料，对提高制品风味具有显著效果。但丁香对亚硝酸盐有消化作用，在使用时应加以注意。

(二十四) 白芷

白芷为伞形科多年生草本植物的块根，含白芷素、白芷醚等香豆精化合物，有特殊香气、味辛。可用整粒或粉末，肉品加工中常用作卤汁、五香粉等调香料，按正常生产需要使用。

(二十五) 陈皮

陈皮为芸香科植物柑橘成熟果实的干燥果皮。含有挥发油，主要成分为柠檬烯、橙皮苷、川陈皮素等。有强烈的芳香气，味辛苦。肉品加工中常用作卤汁、五香粉等调香料，可增加制品复合香味。

(二十六) 月桂叶

月桂叶系樟科常绿乔木月桂树的叶子，含精油1%～3%。主要成分为桉叶素，约占40%～50%，有近似玉树油的清香气，略有樟脑味，与食物共煮后香味浓郁。肉制品加工中常用作矫味剂、香料，用于原汁肉类罐头、卤汁、肉类、鱼类调味等。

二、添加剂及特性

添加剂是指食品在生产加工和贮藏过程中加入的少量物质。添加这些物质有助于食品品种多样化，改善其色、香、味、形，保持食品的新鲜度和质量，并满足加工工艺过程的需求。肉品加工中经常使用的添加剂有以下几种。

(一) 发色剂

1. 硝酸盐　硝酸盐是无色结晶或白色结晶粉末，稍有咸味，易溶于水。将硝酸盐添加到肉制品中，硝酸盐在微生物的作用下，变成亚硝酸盐，亚硝酸盐与肌红蛋白生成稳定的亚硝基肌红蛋白络合物，使肉制品呈现鲜红色。因此，把硝酸盐称为发色剂。

2. 亚硝酸钠　亚硝酸钠是白色或淡黄色结晶粉末，亚硝酸钠除了防止肉品腐败，提高保存性外，还具有改善风味、稳定肉色的特殊功效，此功效比硝酸盐还要强，所以在腌制时与硝酸钾混合使用，能缩短腌制时间。亚硝酸盐具有毒性，用量要严格控制。

(二) 发色助剂

肉发色过程中亚硝酸被还原生成一氧化氮。但是一氧化氮的生成量对肉的还原性有很大影响。肉的还原性根据肉的种类、质量以及加工条件等不同而变化。为了抑制影响肉还原性的因素，使之达到理想的还原状态，常使用发色助剂。

1. 抗坏血酸、抗坏血酸钠　抗坏血酸、抗坏血酸钠具有很强的还原作用，但是对热和重金属极不稳定，因此，一般使用稳定性较高的钠盐，肉制品中的使用量为0.02%～0.05%左右。抗坏血酸最大使用量为0.1%。腌制剂中加谷氨酸会增加抗坏血酸的稳定性。

2. 异抗坏血酸、异抗坏血酸钠　异抗坏血酸是抗坏血酸的异构体，其性质与抗坏血酸相似，发色、防止褪色及防止亚硝胺形成的效果几乎相同。

3. 烟酰胺　烟酰胺与抗坏血酸钠同时使用形成烟酰胺肌红蛋白，使肉呈红色，并有促进发色、防止褪色的作用。

（三）品质改良剂

1. 磷酸盐、多聚磷酸盐　磷酸盐、多聚磷酸盐已普遍地应用于肉制品中，以改善肉的保水性能。我国明文规定可用于肉制品的磷酸盐有三种：焦磷酸钠、三聚磷酸钠和六偏磷酸钠。在肉制品中使用磷酸盐，一般是以提高保水性、增加出品率为主要目的，但实际上磷酸盐对提高结着力、弹性和赋形性等均有作用。各种磷酸盐混合使用比单独使用好，混合的比例不同，效果也不同。在肉品加工中，使用量一般为肉重的0.1%～0.4%，用量过大会导致产品风味恶化，组织粗糙，呈色不良。磷酸盐溶解性较差，故在配制腌液时要先将磷酸盐溶解后再加入其他腌制料。

2. 变性淀粉　如可溶性淀粉、交联淀粉。变性淀粉一般为白色或近白色、无臭粉末或颗粒，或经过预糊化的薄片、无定形粉末或粗粉。变性淀粉不仅耐热、耐酸碱，还有良好的机械性能，是食品工业良好的增稠剂和赋形剂。其用量按正常生产需要而定，一般为原料的3%～20%。淀粉用量过多，会影响肉制品的黏结性、弹性和风味，故许多国家对淀粉使用量作出规定，如日本在香肠中最高添加量不超过5%，混合压缩火腿在3%以下。

3. 大豆分离蛋白　粉末状大豆分离蛋白有良好的保水力。当浓度为12%时，加热的温度超过60℃，黏度就急剧上升，加热至80～90℃时静置、冷却，就会形成光滑的沙状胶质。这种特性使大豆分离蛋白进入肉组织时，能改善肉的质量。此外，大豆蛋白还有很好的乳化力。粒状及纤维状大豆蛋白的特性不同于粉末状大豆蛋白，都具有强烈的、变性的组织结构。具有保水性、保油性和肉粒感。其中纤维状大豆蛋白对防止烧煮收缩效果显著。

4. 卡拉胶　卡拉胶主要成分为易形成多糖凝胶的半乳糖、脱水半乳糖。分子中心含硫酸根，多以Ca^{2+}、Na^{+}、NH_4^{+}等盐的形式存在。可保持自身重量10～20倍的水分。卡拉胶是天然胶质中唯一具有蛋白质反应性的胶质。它能与蛋白质形成均一的凝胶。由于卡拉胶能与蛋白质结合，添加到肉制品中，在加热时表现出充分的凝胶化，形成巨大的网络结构，可保持制品中的大量水分，减少肉汁的流失，并且具有良好的弹性、韧性。卡拉胶还具有很好的乳化效果，稳定脂肪，表现出很低的离油值，从而提高制品的出品率。另外，卡拉胶能防止盐溶性蛋白及肌动蛋白的损失，抑制鲜味成分的溶出。

5. 海藻酸钠 海藻酸钠主要成分是糖醛酸钠的多聚物。因分子中还含有大量羧基，所以亲水性很强，可保持自身重量 20～30 倍的水分。加入肉馅中 0.1%即可使保水率从 80%提高到 82%。它易于与蛋白质、淀粉等亲水性物质共溶，黏结性很大，但弹性较差，在肉制品中主要起增稠和黏结作用。

6. 酪蛋白钠 酪蛋白钠能与肉中的蛋白质复合形成凝胶，从而提高肉的保水性。在肉馅中添加 2%时，可提高保水率 10%。如若与卵蛋白、血浆等并用效果更好。酪蛋白钠在形成稳定凝胶时，可吸收自身重量 5～10 倍水分。用于肉制品时，可增加制品的黏着力和保水性，改进产品质量，提高出品率。

（四）抗氧化剂

抗氧化剂有脂溶性抗氧化剂和水溶性抗氧化剂两大类。脂溶性抗氧化剂能均匀地分布于油脂中，对油脂或含脂肪的食品可以很好地发挥其抗氧化作用。脂溶性抗氧化剂人工合成的有丁基羟基茴香醚、二丁基羟基甲苯、没食子酸丙酯等，天然的有生育酚混合浓缩物等。水溶性抗氧化剂主要有 L-抗坏血酸及其钠盐、异抗坏血酸及其钠盐等，多用于对食品的护色（助色剂）、防止氧化变色，以及防止因氧化而降低食品的风味和质量等。

1. 丁基羟基茴香醚 白色或微黄色的蜡状固体或白色结晶粉末，带有特异的酚类臭气和刺激味，对热稳定，不溶于丙二醇、丙酮、乙醇与花生油、棉籽油、猪油。丁基羟基茴香醚有较强的抗氧化作用，还有相当强的抗菌力，可阻碍黄曲霉素的生成。与其他抗氧化剂相比，它不像没食子酸丙酯那样会与金属离子作用而着色，有使用方便的特点，但成本较高，是目前国际上广泛应用的抗氧化剂之一。

2. 二丁基羟基甲苯 白色或无色结晶粉末或块状，无臭无味，对热及光稳定，不溶于水和甘油，易溶于乙醇、丙酮、乙醚、豆油、棉子油、猪油。二丁基羟基甲苯抗氧化作用较强，耐热性好。没有与金属离子反应着色的缺点，也没有丁基羟基茴香醚的特异臭味，而且价格低廉，但其毒性相对较高。它是目前国际上特别是在水产品加工方面广泛应用的廉价抗氧化剂。

3. 没食子酸丙酯 白色或浅黄色晶状粉末，无臭、微苦，易溶于乙醇、丙酮、乙醚，难溶于脂肪与水，对热稳定。没食子酸丙酯对脂肪、奶油的抗氧化作用较丁基羟基茴香醚或二丁基羟基甲苯强，三者混合使用时效果最佳，若同时加入增效剂柠檬酸则抗氧化作用更强。

4. 维生素 E 天然维生素 E 是目前国际上唯一大量生产的天然抗氧化剂。本品为黄色至褐色、几乎无臭的澄清黏稠液体，溶于乙醇而几乎不溶于水，可和丙酮、乙醚、氯仿、植物油任意混合，对热稳定。维生素 E 的抗氧化作用比丁基羟基茴香醚、二丁基羟基甲苯的抗氧化力弱，但毒性低得多，也是食品营养强化剂。

5. L-抗坏血酸、L-抗坏血酸钠 L-抗坏血酸、L-抗坏血酸钠易被氧化剂氧化生成氧化型抗坏血酸——去氢抗坏血酸，此反应是可逆的，在还原剂作用下恢复到还原型的抗坏血酸。一般抗坏血酸是还原型的，受空气或食品中氧的作用生成氧化型的抗坏血酸。因为抗坏血酸易被氧化，所以它有极强的还原性，是一种良好的还原剂与抗氧化剂。L-抗坏血酸及其钠盐在肉食品加工中作为抗氧化剂、发色助剂和食品营养强化剂使用。在火腿、香肠等肉制品中的使用量一般为原料重的 0.02%～0.05%。

6. 异抗坏血酸、异抗坏血酸钠 异抗坏血酸、异抗坏血酸钠极易溶于水，其作用及使用量均同抗坏血酸及其钠盐。我国 GB 2760—2011《食品添加剂使用标准》规定，异抗坏血酸钠在肉及肉制品中的最大使用量为 0.05%。

此外，抗氧化剂还有茶多酚、儿茶素、卵磷脂和一些香辛料，如丁香、茴香、花椒、肉桂和姜等。

（五）防腐保鲜剂

防腐保鲜剂分化学防腐剂和天然保鲜剂。防腐保鲜剂经常与其他保鲜技术结合使用。

1. 化学防腐剂 化学防腐剂主要是各种有机酸及其盐类。肉类保鲜中使用的有机酸包括乙酸、甲酸、柠檬酸、乳酸及其钠盐、抗坏血酸、山梨酸及其钾盐、磷酸盐等。许多试验已经证明，这些酸单独或配合使用，对延长肉类保存均有一定效果。其中使用最多的是乙酸、山梨酸及其盐、乳酸钠和磷酸盐。

（1）1.5%乙酸 1.5%的乙酸就有明显的抑菌效果。在 3%范围以内，因乙酸的抑菌作用，减缓了微生物的生长，避免了霉斑引起的肉色变黑、变绿。当浓度超过 3%时，对肉色有不良作用，这是由酸本身造成的。国外研究表明，用 0.6%乙酸加 0.046%蚁酸混合液浸渍鲜肉 10 秒，不但细菌数大为减少，而且能保持其风味，对色泽几乎无影响。如单独使用 3%乙酸处理，可抑菌，但对色泽有不良影响。采用 3%乙酸＋3%抗坏血酸处理时，由于抗坏血酸的护色作用，肉色可保持很好。

（2）乳酸钠 乳酸钠是乳酸的右旋结构体钠盐，是肌肉组织中的正常天然成分，用于食品配料的乳酸钠含量为 50%～60%，能与水和乙醇相溶，不溶于醚，略带咸味，可减少氯化钠用量 0.1%～0.2%。添加乳酸钠可减低产品的水分活度，从而阻止微生物的生长。目前，乳酸钠主要应用于禽肉的防腐。

(3) 山梨酸 山梨酸为无色针状结晶或白色结晶性粉末，略有特殊气味，耐光、耐热性好，难溶于水，溶于乙醇、乙醚等有机溶剂。山梨酸钾为白色至浅黄色鳞片结晶、结晶性粉末或颗粒，无臭或微臭，易溶于水、5%食盐水、25%砂糖水，溶于丙二醇、乙醇。山梨酸及其钾盐属酸性防腐剂，对霉菌、酵母和好气性细菌有较强的抑菌作用，但对厌气菌与嗜酸乳杆菌几乎无效。其防腐效果随 pH 的升高而降低，适宜在 pH5～6 以下的范围使用。山梨酸 1 克相当于山梨醛钾 1.33 克。1%山梨酸钾水溶液 pH 为 7～8，有使食品的 pH 升高的趋向，应适当注意。山梨酸钾在肉制品中的应用很广。它能与微生物酶系统中的硫基结合，破坏许多重要酶系，达到抑制微生物增殖和防腐的目的。山梨酸钾在鲜肉保鲜中可单独使用，也可和磷酸盐、乙酸结合使用。

(4) 磷酸盐 磷酸盐作为品质改良剂发挥其防腐保鲜作用。磷酸盐可明显提高肉制品的保水力和结着性，利用其螯合作用可延缓制品的氧化酸败，增强防腐剂的抗菌效果。

(5) 苯甲酸 苯甲酸为白色有荧光的鳞片或针状结晶，稍有安息香或苯甲醛的气味，难溶于冷水，溶于沸水、乙醇、氯仿和乙醚，以及非挥发性油和挥发油。苯甲酸钠是苯甲酸的钠盐，为白色颗粒或结晶粉末，无臭，易溶于水和乙醇，在空气中稳定。苯甲酸及其钠盐在酸性环境中对多种微生物有明显抑菌作用，但对产酸菌作用较弱。1 克苯甲酸相当于 1.18 克苯甲酸钠的功效。

2. 天然保鲜剂 天然保鲜剂一方面卫生上有保证，另一方面更好地符合消费者的需要。目前国内外在这方面的研究十分活跃，天然防腐剂是今后防腐剂发展的趋势。

(1) 茶多酚 其主要成分是儿茶素及其衍生物，它们具有抑制氧化变质的性能。茶多酚对肉品防腐保鲜以抗脂质氧化、抑菌、除臭味物质三条途径发挥作用。

(2) 香辛料提取物 许多香辛料中含有大蒜中的蒜辣素和蒜氨酸，肉豆蔻所含的肉豆蔻挥发油，肉桂中的挥发油以及丁香中的丁香油等，均具有良好的杀菌、抗菌作用。

(3) 乳酸链球菌素 乳酸链球菌素为白色或稍带黄色的结晶粉末或颗粒，略带咸味，是由某些乳酸链球菌合成的一种多肽抗生素，为窄谱抗菌剂。应用乳酸链球菌素对肉类保鲜是一种新型的技术，使用时先用 0.02 摩尔/升盐酸溶解，再加到食品中。乳酸链球菌素只能抑制或杀死革兰氏阳性细菌，有效阻止肉毒杆菌的孢子发芽，但对革兰氏阴性菌、酵母和霉菌均无作用。因此，若与山梨酸或辐射处理等配合使用，则可使抗菌谱扩大。在 GB 2760—2011《食品添加剂使用标准》中规定，用于肉制品最大使用量为 0.5 克/千克。

第三节 中式兔肉制品加工技术

一、腌腊制品

腌腊制品是我国传统的肉制品之一。曾指畜禽肉类经过加盐（或盐卤）和香料进行腌制，又通过了一个寒冬腊月，使其在较低的气温下，自然风干成熟，形成独特腌腊风味而得名。现泛指原料肉经预处理、腌制、脱水、保藏成熟而成的肉制品。腌腊肉制品特点：肉质细致紧密，色泽红白分明，滋味咸鲜可口，风味独特，便于携运，耐贮藏品种繁多等。

腊兔在我国有着悠久的历史，因其加工方法简单，设备投资少，制品风味独特、醇美，可以长期贮存，受到广大消费者的欢迎。随着加工技术的不断发展，这类制品逐步从季节性的作坊式生产转为反季节或工业化全年生产，并在生产中引进了 HACCP 系统，使其生产日趋标准化、安全化。目前已形成了多品种、各具特色的、有现代化气息的一类传统食品。

（一）腌制基本工艺

腌制用食盐以食盐为主，并添加硝酸钠（或钾）、蔗糖和香辛料等腌制材料处理肉类的过程为腌制。通过腌制使食盐或食糖渗入食品组织中，降低它们的水分活度，提高它们的渗透压，抑制微生物的繁殖和腐败菌的生长，从而防止肉品腐败变质。自古以来，肉类腌制就是肉的一种防腐贮藏方法。公元前 3 000多年，就开始用食盐保藏肉类和鱼类，至今肉类腌制仍普遍使用，但已从单纯的防腐保藏发展到主要为了改善风味和品质。

1. 腌制材料　肉类腌制使用的主要腌制材料为食盐、硝酸盐（或亚硝酸盐）、糖类、抗坏血酸盐、异抗坏血酸盐和磷酸盐等。

2. 腌制方法　肉类腌制的方法可分为干腌、湿腌、盐水注射及混合腌制。

（1）干腌法　干腌法是利用食盐或混合盐，涂擦在肉的表面，然后层堆在腌制架上或层装在腌制容器内，依靠外渗汁液形成盐液进行腌制的方法。这是一种缓慢的腌制方法，但腌制品有独特的风味和质地。我国名产火腿、咸肉、烟熏肋肉采用此法腌制。在国外，这种生产方法占的比例很少，主要是一些带骨火腿，如乡村式火腿。这种方法腌制需要时间很长，我国咸肉和火腿的腌制时间一般约需1个月以上，培根需8～14小时。由于腌制时间长，对带骨火腿表面污染的微生物很易沿着骨骼进入深层肌肉，而食盐进入深层的速度缓慢，很容易造成肉的内部变质。此外，干腌法失水较大，通常火腿失重为5%～7%。

(2) 湿腌法 湿腌法就是将肉浸泡在预先配制好的食盐溶液中，并通过扩散和水分转移，让腌制剂渗入肉内部，并获得比较均匀的分布，常用于腌制分割肉、肋肉等。湿腌时盐的浓度很高，不低于25%，硝酸钾不低于1%。肉类腌制时，首先是食盐向肉内渗入而水分则向外扩散，扩散速度决定于盐液的温度和浓度。高浓度热盐液的扩散率大于低浓度冷盐液。硝酸盐也将向肉内扩散，但速度比食盐要慢。瘦肉中可溶性物质则逐渐向盐液中扩散，这些物质包括可溶性蛋白质和各种无机盐类。为减少营养物质及风味的损失，一般采用老卤腌制。即老卤水中添加食盐和硝酸盐，调整好浓度后再用于腌制新鲜肉，每次腌制肉时总有蛋白质和其他物质扩散出来，最后老卤水内浓度增加。因此，再次重复应用时，腌制肉的蛋白质和其他物质损耗量要比用新盐液时的损耗少得多。卤水愈来愈陈，会出现各种变化，并有微生物生长。糖液和水给酵母的生长提供了适宜的环境，可导致卤水变稠并使产品产生异味。湿腌的缺点就是其制品的色泽和风味不及干腌制品，而且腌制时间长，约有0.8%～0.9%蛋白质在腌制过程中流失，最后产品含水分多而不宜保藏。

(3) 盐水注射法 为了加快食盐的渗透，防止腌肉的腐败变质，目前广泛采用盐水注射法。盐水注射法最初出现的是单针头注射，后发展为动脉注射腌制法，进而发展为由多针头的盐水注射机械进行注射。

动脉注射腌制法是用泵将盐水或腌制液经动脉系统压送入分割肉或腿肉内的腌制方法，因此，能使配料尽可能均匀地分散在肉中。注射用单一针头插入前后腿上的股动脉的切口内，然后将盐水或腌制液用注射泵以0.2～0.78兆帕压力压入动脉，使其重量增加8%～10%，有的增加20%。动脉注射法的优点是腌制速度快、成品率比较高。缺点是只能腌制前后腿，且胴体分割时还要注意保证动脉的完整性；腌制的产品容易腐败变质，故需要冷藏运输。

肌肉注射腌制法有单针头和多针头注射法两种，肌肉注射用的针头大多为多孔。单针头一般每块肉注射3～4针，每针盐液注射量为85克左右。盐水注射量可以根据盐液的浓度计算，一般增重10%。肌肉注射时盐液经常会过多地聚积在注射部位的四周，短时间内难以散开，因而肌肉注射时需要较长的注射时间，以便充分扩散盐液而不至于局部聚积过多。多针头肌肉注射最适用于形状整齐而不带骨的肉类，如腹部肉和肋条肉。带骨或去骨肉也可采用此法，操作方法和单针头肌肉注射相似。盐水注射法可以缩短操作时间，提高生产效率，降低生产成本，但是其成品质量不及干腌制品，风味略差，煮熟时肌肉收缩的程度也比较大。肌肉注射现在已有专用设备，一排针头可多达20枚，每一针头中有多个小孔，插入深度可达到26厘米，平均每小时注射6万次之多，注射时直至获得预期增重为止，由于针头数量多，两针相距很近，因而注射至肉内的盐液分布较好。

（4）*混合腌制法* 这是利用干腌和湿腌互补的一种腌制方法。用于肉类腌制可先行干腌，而后放入容器内用盐水腌制。用注射腌制法常和干腌或湿腌结合进行，这也是混合腌制法，即盐液注射入鲜肉后，再按层擦盐，然后堆叠起来，或装入容器内进行湿腌，但盐水浓度应低于注射用的盐水浓度，以便肉类吸收水分。干腌和湿腌相结合可以避免湿腌法因食品水分外渗而降低浓度，同时腌制时不像干腌那样使食品表面发生脱水现象，内部发酵或腐败也能被有效阻止。

（二）腊兔

腊兔生产在我国历史悠久，形成了很多地方特色品种，但其加工工艺大致相同，并都具有腌腊制品共有的特点。

1. 腊兔（扬州）

（1）*原、辅料及配方* 兔肉100千克，精盐6～8千克，白糖2～3千克，花椒0.2千克，料酒1千克，味精0.3千克，生姜0.5千克，大葱0.5千克，糖色0.6千克，香油0.25千克，八角0.2千克，肉豆蔻0.15千克，白芷0.05千克，亚硝酸盐15克，β-环状糊精0.5千克。

（2）*工艺流程*

验收选择→宰兔剥皮→去内脏、剁足→配料腌制→修割整形→风干→发酵→烘干→烟熏→真空包装→低温（高温）杀菌→成品包装

（3）*主要设备* 不锈钢圆桶、煮制锅、烟熏炉、杀菌设备、烘干设备、包装设备。

（4）*操作要点*

①选择活泼、健壮、皮毛光滑、肌肉丰满、3～4月龄、体重2千克以上

的活兔。

②宰后剥皮，腹部开膛，除尽内脏和脚爪，除尽浮油、结缔组织等。

③将八角、肉豆蔻、白芷用文火烧开30分钟后，放入生姜、大葱、白酒、味精、亚硝酸盐等搅拌均匀，倒入腌渍缸中冷却。用剩余精盐调整波美浓度，春、秋季为10波美度，夏季为12波美度，冬季为8波美度，腌制时间8～12小时，中间翻缸一次。

④兔坯出缸后，修去筋膜、浮脂等杂物，切开胸肋骨4～5根至颈部，腹部朝上，将前腿扭转到背部，按平背和腿，撑开呈平板形，再用竹条固定形状。

⑤风干发酵 常温干制时，将兔坯悬挂在通风干燥处发酵，自然风干大概需7～10天，表面干爽，成品含水分在25%左右，即为腊兔生干制品，可包装上市销售。

烘房干制时，将兔坯平放在架车上，进入50～60℃的烘房内，风吹、干燥、发酵处理，中途转车时涂上烟熏液，继续烘干15～18小时，冷却擦油，包装而为成品。

⑥熟制品 锅内放入腌制卤液，用盐和水调成6波美度的煮制卤，按干制品兔重的1∶1.4（兔1∶水1.4）放入兔坯，去除上面污物，改用文火预煮。

⑦高温杀菌 煮制10～15分钟后取出半成品兔坯，冷却后分部位定量真空包装。杀菌公式：15分钟—25分钟—15分钟（升温—恒温—降温）/121℃，反压冷却。恒温培养7天，剔除胖包后包装销售。产品保质期6个月。

2. 红雪兔

(1) 原、辅料及配方 兔肉100千克，食盐5千克，花椒0.2千克，料酒2.5千克，白砂糖2千克，白酱油3千克。

(2) 工艺流程

原料整理（同腊兔）→腌制→修整→发酵→检验→成品

(3) 操作要点

①原料选择 选择膘肥、健壮、体重2千克以上的活兔，体重越大越好。

②原料整理 宰后剥皮，沿腹线开膛，除尽内脏和脚爪，将兔坯用竹片撑成平板状。修去浮脂和结缔组织网膜，擦净淤血。

③腌制处理 干腌法：将食盐炒热，与其他配料混合均匀，涂抹在兔体和嘴内，叠放入缸，腌渍1～2天，中间翻缸1次，出缸后再将其余辅

料均匀涂抹在兔体内外。湿腌法：将配料用沸水煮5分钟，冷却后倒入腌渍缸，以淹没兔坯为度。浸渍2～4天，每天上下翻动1次，适时起缸。

④修割整形　兔坯出缸后放在工作台上，腹部朝下，将前腿扭转到背部，按平背和腿，撑开呈板形，再用竹条固定形状，并修去筋膜、浮脂等污物。

⑤风干发酵　将固定成形的腌制兔坯悬挂在通风阴凉处自然风干，并完成发酵过程，通常需1周左右。遇阴雨潮湿天气，可采用在烘干房干制方法烘干兔坯，即为成品。

（4）产品品质与特色　优质红雪兔色泽红亮，肌肉富有弹性，肉质紧密、细嫩。表皮干燥酥脆，风味醇厚，咸甜适中，出品率为净兔重的50%～55%。食用时煮、蒸均可，如再浇淋少许麻油，更为可口。

3. 香辣腊兔肉　香辣兔肉是经老卤腌制发酵而成熟的肉制品，味道鲜美，风味独特，营养丰富，成为席上佳肴或馈赠亲友、方便旅游之上品。

（1）原、辅料及配方　兔肉100千克，精盐5千克，白糖3千克，味精0.3千克，生姜0.5千克，大葱0.5千克，五香粉0.15千克，白酒0.5千克，辣椒4千克，花椒2千克，白酱油1千克，β-环状糊精0.5千克，亚硝酸钠15克。

（2）工艺流程

验收选择→宰兔剥皮→去内脏、剁足→配料腌制→风吹发酵→老卤焖煮→分段包装→杀菌处理→成品包装

（3）操作要点

①腌制　100千克水用盐调整浓度为8波美度，加入预先煮制好的香料水放入亚硝酸盐、白糖、味精等搅拌均匀，放入原料兔肉经12小时腌制，取出晾干发酵4小时后，投入老卤锅中文火焖煮。

②高温杀菌　如果需高温处理，焖煮10～15分钟，冷却真空包装。杀菌公式为15分钟—25分钟—15分钟（升温—恒温—降温）/121℃，反压冷却。37℃恒温培养7天，保质期6个月。

4. 腊野兔　腊野兔多在秋、冬季节制作。成品为整只野兔，无皮、无内脏、无大骨，表面干硬，呈赭色。食之味甜甘香，有滋阴补肾之功效，一般多作滋补品用。

（1）原、辅料及配方　野兔50千克，精盐2千克，酒1千克，酱油500克，硝酸钠10克，白糖3千克。

（2）工艺流程

原料整理→清洗→腌制→烘烤→成品

（3）操作要点

①原料整理　将野兔剥皮并除去内脏。先用刀从野兔后肢跗关节处平行挑开，然后剥皮到尾根部，再用手紧握兔皮的腹部处用力向下拽至前腿处剥下。此时应注意防止拽破腿肌和撕裂胸腹肌。割去四肢的肘（跗）关节以下部分，剔去脊、胸骨及腿脚骨。用两根交叉成十字的小竹片撑开胸腔，使之成为扁平状。

②腌制　将经过整理的野兔放入以上混匀的配料内，用手将配液均匀地涂擦于野兔的表面和内腔里，背面朝下，腹面向上，一层压一层平铺于缸内，腌制50分钟，中间翻缸一次。

③烘制　取出后每天白天可挂在太阳下暴晒，晚上放入烘房内50℃连续烘制3天，待制品表面略干硬并呈赭色时即可。

5. 川味腊兔　身干质洁，去尾去爪。色红亮油润，咸度适中，肉嫩味美，食不塞牙，腊味丰厚。

（1）原、辅料及配方　兔肉100千克，食盐5千克，花椒0.2千克，硝酸钠0.05千克。

（2）工艺流程

活兔宰杀→整理→清洗→腌渍→整形→风干→成品

（3）操作要点

①选料　选符合卫生标准的2千克以上活兔，要求膘肥肉满，越大越嫩越好。

②宰杀　宰兔剥皮，大开膛，掏尽内脏，去脚爪，用竹片撑开成平板状。

③盐渍　将配料混匀，涂擦胴体内外，也可用冷开水7.5千克溶解与料湿腌。

④整形　出缸后将胴体放在案板上，面部朝下，将前腿扭转至背上，再用手将背、腿按平。

⑤风干　将兔坯置阴凉通风处，挂晾风干，或入烘房烘烤即为成品。

（4）出品率及保存期　一般出品率在60%左右。悬挂于通风干燥的地方，可存放3个月左右。

（5）食用特色　川味腊兔煮、蒸皆宜，柔嫩鲜美，助食解腻，若再浇少许麻油、姜末和葱末，更是风味夺人。

(三) 缠丝兔

1. 缠丝兔制作工艺 缠丝兔是我国南方的一种著名兔肉加工产品，尤以四川所产最为驰名。加工历史悠久，制作精细，成品为烟棕色，色泽光亮，肉嫩肌厚，香浓味重，造型美观，肉质紧密，表皮有螺旋状花纹，外形带头无爪，掏尽内脏，咸、甜适中，无异味，携带方便，不仅内销，也是我国传统的出口肉制品之一。

(1) 原、辅料及配方 兔肉100千克，食盐5千克，白糖1千克，酱油5千克，白酒0.5千克，味精0.3千克，麻油1千克，甜酱0.5千克，五香粉0.3千克，鲜辣粉0.3千克，混合香料粉1.5千克，生姜1千克，葱0.5千克，八角0.3千克。

(2) 工艺流程

原料选择→整理→清洗→沥水→打孔→腌料配制→腌制→翻缸→出卤→晾挂沥卤→缠丝→晾挂风干→成品

(3) 操作要点

①原料要求 原料以选用膘肥体壮、肌肉丰满、体重1.5～2千克的新鲜胴体为佳，体重过大或过小均会影响产品质量。经宰杀、剥皮、开膛、取脏器后，对屠体进行修整，割除体表各部位的结缔组织及脂肪，清洗或擦净残留于胸、腹腔中的淤血及体液等。

②盐渍 经宰杀、剥皮、修整后的屠体须及时盐渍。盐渍分干盐渍和水盐渍两种。在秋、冬季加工或需较长时间保存者，以干盐渍为宜，春、夏两季加工或短时间保存者，以水盐渍为好。将配方中生姜、葱、八角加水煮制成香料水，再加入其他配料溶解，并搅拌均匀，出锅冷却备用。

③打孔 用打孔器在兔体上打孔或用尖刀对兔体厚肉层戳孔划口，使腌制液渗透均匀。

④腌制 将打孔处理的光兔分别浸入腌液中，让兔体内、外表层都浸到腌液，然后兔头、兔尾交替分层放入腌箱堆腌，按规定肉、料比例浸腌，操作结束后余下的腌液，按比例分别倒入各腌兔箱中拌匀。腌制过程中，每天上、下午各翻缸一次，腌制2天。

⑤出缸、晾挂沥卤 将腌制好的兔出缸，挂架沥卤4～6小时。

⑥缠丝 缠丝有密、中、疏3种，以密缠为最佳，丝间距离宽约一指，每只兔体需用干净细麻绳约4米，从兔头部缠起，直至前肩胛、胸腹部、后腿。边缠丝边整形，胸、腹部要包裹紧，前肢塞入前腔，后肢要尽量拉直。缠丝造

型时，要求将兔体缠紧、扎实，横放时形似卧蚕，故缠丝兔又称蚕丝兔。

⑦挂晾风干 分冬季自然风干和人工控温、控湿四季加工风干。自然风干为室外风干，一般 3～4 天，再转室内晾挂 2～3 天，晾挂 7 天即为成品。

⑧保存 缠丝兔成品若不熟化保存，一是真空包装在 0～4℃条件下，保藏期为 3 个月；另一是悬挂于通风干燥库房内，10℃以下可存放 2～3 个月。

2. 缠丝兔熟化工艺

(1) 水煮熟化制作法

①煮料配方 兔肉 100 千克，水 150 千克，姜 1.5 千克，葱 1 千克，盐 1.5 千克，料酒 1 千克，味精 0.3 千克，白糖 1 千克。

②工艺流程

干缠丝兔计量→泡水清洗→整理（分割）→煮制→冷却分割→真空包装→巴氏杀菌→急冷→点数过秤→入库冷藏

③操作要点

a. 将缠丝兔用清水浸泡，回软，并清洗表污，整理去头。

b. 按规定的肉、水比例，投水入锅加料煮沸，再将兔肉入锅加热至沸，沸煮 15 分钟再转小火（90～95℃），焖煮 60～70 分钟。

c. 冷却与分割，按包装规格和分割部位冷后切块。

d. 用复合膜真空包装。

e. 将包装好的兔肉以 90℃、10 分钟或 85℃、15 分钟进行巴氏杀菌。

f. 将巴氏杀菌后的兔肉入自来水池（桶），冷至与水同温（约 10℃以下）。置 0～4℃保存，保质期为 40 天；－18℃保存，保质期为 5 个月。

(2) 蒸煮熟化制作法

①蒸制配方 葱 1 千克，生姜（切片）1.5 千克，兔肉 100 千克。

②蒸制步骤与要求

a. 泡水、清洗、整理，同水煮熟化法。

b. 蒸煮，将兔分割成规定的小块，放入蒸笼，上放姜、葱，分层依次放置，通入蒸汽或用热水锅产生蒸汽对兔肉加热熟化，蒸制 90 分钟。

c. 冷却包装、巴氏杀菌、急冷，同水煮熟化工艺。

d. 保藏条件与保质期：于 0～4℃保存，保质期为 40 天，－18℃保存，保质期为 5 个月。

(四) 板兔

1. 原、辅料及配方 兔肉 100 千克，茴香粉 50 克，丁香 25 克，肉桂 25

克，白芷 25 克，陈皮 25 克，花椒 25 克，大茴香 50 克，胡椒 5 克，砂仁 10 克，肉豆蔻 10 克，生姜 50 克，葱 50 克，食盐 10 千克，味精 48 克。

2. 工艺流程

兔肉整理→水洗晾干→盐卤→药卤→晾晒→上糖→涂料→烘烤（暴晒）→检验→成品

3. 操作要点

（1）选择 2 千克以上青年健壮肉兔，停食 12 小时后宰杀，去除内脏，烟去兔毛。烟毛最适水温 75～80℃，尽量做到不损坏皮肤、耳朵、四肢和尾，使成品外形美观、完整。

（2）开剖兔体　从腹中线起，上沿胸膛、头部，下沿骨盆腔对劈，剔除脑髓，保留两肾。沿脊椎部 0.5～1 厘米处自上而下，将肋骨剪断压平呈平板形。

（3）取配料中食盐 6 千克，茴香粉 50 克，混合均匀为盐卤；将丁香、肉桂、白芷、陈皮等配料中剩余辅料和余盐 4 千克，混合后加水煎熬、过滤，冷却后即为药卤。

（4）将兔体层叠入盐卤腌 24 小时取出，再入药卤腌 48 小时。

（5）取出腌渍好的兔体入沸水锅浸泡 1 分钟，取出涂上一至两层配料（糖、香油、酒、酱油）暴晒七八成干即可。成品越干，保存期越长。

4. 产品特色　板兔成品外观金黄色，肉质鲜香扑鼻。若将板兔用木炭、大米、松柏枝烘烤 30 分钟，其色、香、味更佳，风味独特。

（五）其他腌腊兔肉制品

1. 兔肉香肠　香肠是由拉丁文“Salsus”得名，意指保藏或盐腌的肉类。现泛指将肉切碎，加入其他配料均匀混合之后灌入肠衣内制成的肉制品的总称。现代肠类制品的生产和消费都有了很大发展，主要是人们对方便食品和即食食品的需求增加，许多工厂的肠制品生产已实现了高度机械化和自动化，生产出具有良好组织状态，且持水性、风味、颜色、保存期均优的产品。香肠是世界上产量最高、品种最多的肉制品，目前大约有几千个品种。习惯上将中国原有的加工方法生产的产品称为香肠或腊肠，把国外传入的方法生产的产品称灌肠。

（1）原、辅料及配方　兔瘦肉 80 千克，肥肉 20 千克，精盐 4 千克，白糖 5 千克，曲酒 0.5 千克，无色酱油 2 千克，葡萄糖适量。

（2）工艺流程

原料选择→整理→绞肉→拌料→灌制→日晒、烘烤→成熟

(3) 主要设备 绞肉机、切丁机、烘烤箱、灌肠机、搅拌机。

(4) 操作要点

①其他材料的准备 肠衣用新鲜猪或羊的小肠衣，干肠衣在用前要用温水泡软、洗净、沥干后在肠衣一端打一死结待用，麻绳（或塑料绳）用于结扎香肠，一般加工100千克原料用麻绳1.5千克。

②切丁 将兔肉绞成肉馅，肥肉切丁备用。

③拌料 将瘦肉、肥肉丁放在搅拌器中，开机搅拌均匀，将配料用酱油或少量温开水（50℃）溶解，加入肉丁中充分搅拌均匀，不出现黏结现象，静置片刻即可灌肠。

④灌肠 将上述配置好的肉馅用灌肠机灌入肠内，每灌12～15厘米时，即可用麻绳结扎，待肠衣全灌满后，用细针扎孔洞，以便于水分和空气外泄。

⑤漂洗 灌好结扎后的湿肠，放入温水中漂洗几次，洗去肠衣表面附着的浮油、盐汁等污着物。

⑥日晒、烘烤 水洗后的香肠分别排在竹竿上，放到日光下晒2～3天，工厂生产的灌肠应进烘房烘烤，温度为50～60℃（用炭火为佳），每烘烤6小时左右，应上下进行调头换尾，以使烘烤均匀。烘烤48小时后，香肠色泽红白分明，鲜明光亮，没有发白现象，为烘制完成。

⑦成熟 将日晒、烘烤后的香肠，放到通风良好的场所晾挂成熟，晾到30天左右，此时为最佳食用时期。

(5) 成品率及保存期 成品率约为60%，规格为每节13.5厘米，直径1.8～2.1厘米，色泽鲜明，瘦肉呈鲜红色或枣红色，肥膘呈乳白色，肉身干燥结实、有弹性，指压无明显凹痕，咸度适中，无肉腥味，略有甜味，在10℃下可保藏4个月。

(6) 几种兔肉香肠配方

配方一 去骨兔肉60千克，去骨猪肉30千克，食盐2千克，糖0.4千克，料酒3千克，酱油4千克，胡椒粉少许。

配方二 兔肉12.5千克，猪肉12.5千克，食盐0.75千克，香油0.5千克，酱油1.0千克，白糖1千克，黄酒0.5千克，姜末40克，五香粉25克，味精40克。

2. 兔肉红肠

(1) 原、辅料及配方 兔肉60千克，猪瘦肉15千克，猪肥膘25千克，淀粉5千克，肉豆蔻粉0.13千克，胡椒粉0.19千克，硝酸钠50克，精盐3.5千克。

(2) 工艺流程

原料整理→清洗→切丁、绞肉、拌料→灌制→漂洗→烘烤或晾晒→成品

(3) 主要设备 绞肉机、切丁机、搅拌机、灌肠机、烘箱。

(4) 操作要点

①将兔肉、猪肉清洗干净、绞碎，猪肥膘切丁后，置冰箱内预冷，备用。

②将配料混合后，用少许冰水溶解，与肉馅、肥膘丁一起入搅拌机搅拌均匀。

③用口径18～24毫米或24～26毫米的肠衣灌制，整根灌制，扭转分段。

④用针在肠体上穿刺若干小孔，便于烘肠时水分和空气外泄。灌制好的湿肠放入40℃的温水中漂洗1次，除去肠衣表面附着的浮油、盐汁及其他污物，然后挂在竹竿上沥干。

⑤经漂洗沥干后的湿肠可在日光下暴晒一至数周，如果采用烘房烘肠，温度应控制在45～50℃，经3小时后上下调挂一次，再升温至50～55℃，24～48小时后肠身干燥，肠衣透明起皱，色泽红润，即为烘制完成。烘好后的香肠应晾挂在通风干燥处慢慢冷却、成熟，经10～30天即可成熟，产生浓香味，即为成品。

(5) 产品特点 肠衣干燥完整，紧贴肉面，肉馅色泽鲜艳，红白分明，整体呈红色或紫红色。

3. 无硝兔肉枣肠

(1) 原、辅料及配方 兔肉90千克，猪肥膘肉10千克，纤维素肠衣若干，白糖6.5千克，食盐3千克，曲酒0.5千克，色拉油1.5千克，β-环状糊精0.12千克，白胡椒粉0.1千克，味精0.15千克，5′-肌苷酸钠+5′-鸟苷酸钠0.08千克，异抗坏血酸钠0.1千克，红曲米粉0.01千克，生姜汁0.3千克。

(2) 工艺流程

原料选择→宰杀→清洗→拆骨→绞肉→拌馅→充填→烘干→挂晾→成熟→成品

(3) 主要设备 搅拌机、切丁机、灌肠机、烘干设备。

(4) 操作要点

①选择非疫区的健康肉兔，经兽医检验合格后，进行宰杀、剥皮、除去内脏等，清洗、沥干水分，进而拆骨。

②将兔肉放入绞肉机，用5毫米网眼绞碎，将鲜猪肥膘肉切成0.5厘米^{3}的肉丁。将原料肉、白糖、精盐、β-环状糊精、白胡椒粉、味精、5′-肌苷酸

钠+5′-鸟苷酸钠、异抗坏血酸钠、红曲米粉事先用酒或水溶解，生姜汁放入搅拌机，搅拌均匀，静制30～40分钟。

③用自动灌肠机进行灌装，可调节肠体大小，一般以4～6厘米长为宜，用针刺肠体，排放空气。

④隔一定距离系上线绳，全部灌好后，用温水漂洗。

⑤将枣肠挂在竹竿上，在日光下晒1～2天。

⑥将吹晒后的枣肠放入烘房中，烘烤温度为55～60℃，约12小时左右，烘至肠体干爽，鲜红光亮，质地发硬，即可出烘房，冷却后晾挂发酵成熟。

⑦按规格要求进行定量真空包装。

4. 成品特色　无硝枣形兔肉香肠呈玫瑰红色、鲜明透亮、肠体干燥完整、枣形纹清晰、坚实有弹性、无气泡、切面紧密，有浓郁的枣形肠固有的腊香味，无酸败味和不良的气味，咸淡适中，美味可口，无明显兔腥味。

5. 香熏兔

(1) 原、辅料及配方　兔肉50千克，精盐2～3千克，硝酸钠25克，花椒100克，八角80克。

(2) 工艺流程

兔胴体→干腌→出缸挂晾→烟熏炉烘烤→挂晾成熟→包装→成品

(3) 主要设备　腌缸、烟熏炉。

(4) 操作要点

①将兔胴体清洗干净。

②将净兔胴体用竹片撑开呈平板状。

③将配料调匀，涂遍兔体腔内外及嘴里，入缸腌3天左右，每天上下翻缸一次，促使排污除腥和盐渗透，腌出香味。

④出缸后将兔体放在案板上，腹部朝下，把前腿扭转至背上，用手将兔的背和腿按平后，悬挂于通风阴凉处风干。

⑤移入烟熏炉内以50～60℃烘烤，同时烟熏12小时左右。

⑥出炉挂晾在通风干燥处成熟。

⑦可切割后定量真空包装或整只包装贮存。

6. 酱腊兔肉

(1) 原、辅料及配方　兔肉5千克，精盐170克，甜酱1千克，五香粉20克，白糖300克，白酒50克，醪糟300克，花椒50克。

(2) 工艺流程

原料整理→切条→腌制→酱制→晾晒→风干→成品

(3) 操作要点

①原料整理 将带皮兔腿肉，拆去大骨，切成宽、厚适度的大肉条，清洗干净后备用。

②腌制 先在每块肉的肉皮上喷洒少许白酒，这样可使肉皮软化，易于进盐，也易于煮软，并能起杀菌作用。然后将精盐与花椒粉混合，抹遍每块肉的内外，放入小缸（盆）里盖好，腌4～5天即可。在腌的过程中，每天要将肉块上下翻动一次，以防盐味不匀和发热变质。

③酱制 肉起缸后，用尖刀在每块肉上方的肉皮上戳一个小孔，用麻绳穿上，吊在屋檐下通风处晾2～3天。待肉表面的水分干透时，将甜酱、白糖、五香面、醪糟等混合成糊状（如太稠可加少许酱油），然后用干净的刷笔，把每一块肉都刷上一层酱料。注意要刷得薄、匀，要使肉的每一部位都能涂到酱。剩下的酱盖好保存，下次再用。

④重酱制 第一次刷完后，待肉晾干再刷第二次。如此连刷3～4次，直至整个肉块都被酱料严严实实包上为止。

⑤晾挂 刷了酱的肉块吊挂在通风处吹干，切勿阳光直晒，吊挂20天左右，即为成品。

7. 芳香腊兔肉

(1) 原、辅料及配方 兔肉100千克，食盐7千克，大茴香0.2千克，小茴香0.2千克，肉桂0.3千克，花椒0.3千克，葡萄糖0.5千克，白糖4千克，高度白酒3千克，酱油0.4千克，冰水5千克。

(2) 工艺流程

原料肉整理→切条→拌调料→揉搓→腌制→清洗→晾挂→熏制

(3) 操作要点

①选用新鲜兔肉，精修后切成3～4厘米厚、6厘米宽、15～25厘米长的肉条。

②将大、小茴香和肉桂、花椒焙干，碾细与其他调料拌和。

③把兔肉放入调料中揉搓拌和，拌好后入盆腌，温度在10℃以下腌3天，翻倒一次，再腌1天捞出。

④把腌好的肉条放于清洁的冷水中漂洗，用铁钩钩住肉条吊挂在干燥、阴凉通风处，待表面无水分时进行熏制。

⑤熏料用杉、柏锯末或玉米芯、瓜子壳、棉花壳、芝麻荚，将熏料引燃后分批加入。

⑥肉条离熏料高约30厘米，每隔4小时将肉条翻动一次，熏烟温度控制

在50～60℃之间，至肉面呈金黄色，一般约需24小时。

⑦熏后将肉条在通风处挂晾10天左右，自然成熟，即为成品。

(4) *成品保存* 在放置期应保持清洁，防止污染。可吊挂、坛装或埋藏。把肉条吊于干燥、通风、阴凉处可保存5个月。坛装时把坛底放一层3厘米厚的生石灰，上面铺一层塑料薄膜和两层纸，放入腊肉条，密封坛口可保存8个月。将腊肉条装入塑料食品袋中，扎紧袋口，埋藏于粮食或草木灰中，可保存1年以上。

二、酱卤制品

酱卤兔肉制品是我国民间传统的一大类兔肉制品，以其外观光亮油润、肉质细嫩、芳香可口、多汁化渣等独有风格，深受消费者的喜爱。特别是酱卤兔肉制品的加工工艺简单、操作方便易行，不受加工条件的限制，可采用大规模机械化生产，也可采用手工作坊或小规模生产，并且不受加工季节的限制。酱卤制品突出调味料、香辛料和肉本身的香气，食之肥而不腻，瘦而不柴。酱卤制品可分白烧、酱制、卤制、过油和糟制等品种。酱卤制品中的酱制品和卤制品两者虽然加工过程相同，但成品风味却有所差异。卤制品在煮制方法上，通常将各种调料煮成清汤后将肉块下锅以旺火煮制；酱制品则是将肉和各种调料一起下锅，大火烧开，文火收汤，最终使汤形成肉汁。在调料使用上，卤制品主要使用盐水，所用香料和调味料剂量小，产品色泽清淡，突出原料固有的色、香、味；而酱制品则用料剂量较大，多加酱油，所以酱香味浓，调料味重。

(一) 酱香兔

酱香兔风味独特，回味绵长，色泽鲜艳明亮，且不添加任何防腐剂和色素。但调卤煮制工艺较复杂，比较难掌握，需专业人员指导。

1. 原、辅料及配方

(1) *腌制液配方* 水100千克，生姜2千克，葱1千克，八角1千克，食盐17千克。配制方法：先将葱、姜洗净，姜切片后和葱、八角一起装入料包，入锅放水煮至沸，然后倒入腌制缸或桶中，按配方规定量加盐，搅溶冷却至常温待用。

(2) *香料水配方* 水100千克，八角3千克，肉桂3.5千克，葱4千克，姜5千克。配制方法：将以上配料入锅熬煮，水沸后焖煮1～2小时，而后用双层纱布过滤待用。

(3) 煮液一般配方　一般配方水100千克，兔肉100千克，白糖25千克，酱油1.5千克，料酒1千克，味精0.4千克，调味粉0.15千克，香料水3千克。

①初配新卤配方　水80千克，香料水20千克，白糖20千克，蟹油8千克，蚝油8千克，料酒4千克，味精2千克，调味粉2千克。

②第二次调卤配方（加入余卤液）　香料水5千克，白糖7千克，酱油3千克，蚝油3千克，料酒2千克，味精1.5千克，调味粉1.5千克。

③稠卤配方老卤　水30千克，白糖13千克，酱油3千克，蚝油1.5千克，料酒2千克，味精0.8千克，调味粉0.7千克。

2. 工艺流程

原料选择→清洗整理→打孔腌制→煮制→浸稠卤→冷却包装→巴氏杀冷→装箱入库

3. 操作要点

①原料选择　选用新鲜或解冻后的兔后腿或精制兔肉。

②清洗整理　将兔肉上污血、残毛、残渣、油脂等修整干用清水漂洗，沥干水备用。

③打孔　在兔肉上用带针的木板（特制）均匀打孔，使料液在腌制或煮制时均匀渗透，并能缩短腌制时间。

④腌制　将处理好的兔肉入缸浸腌，上加压盖，让兔肉全在液面以下。常温（20℃左右）条件下腌制4小时，0～4℃件下腌制5小时。

腌液的使用和注意事项：新配的腌液当天可持续使用2～3次，用前需调整腌液的浓度。正常情况下使用过的腌液当天废弃，不再使用。

⑤煮制　按配方准确称取各种配料入锅搅溶煮沸，再将肉下锅并提升两次，继续升温加热至小沸，而后转95℃小火焖煮50分钟。在加热过程中，要将肉料提升两次。

注意事项：第一次投料煮制时使用配方中“初配新卤配方”，第二次煮制时使用“第二次调卤配方”进行煮制。第二次煮制时转入正常配方，即“煮液一般配方”。

⑥过稠卤　先将稠卤按配方称量煮沸调好，再将已煮好的兔肉分批定量入稠卤锅浸煮3分钟左右出锅，放入清洁不锈钢盘送冷却间冷却。

⑦冷却、包装　冷却10～15分钟左右即可包装，按规定的包装要求进行称量。包装时要剔除尖骨，以防戳穿包装袋。

⑧杀菌 巴氏杀菌，85℃、15分钟。

⑨急冷 杀菌后用流动的自来水或冰水冷却至常温，点数装箱入库。

（二）酱麻辣兔

酱麻辣兔是陈伯祥教授开发的特色系列兔肉制品之一，产品麻辣鲜香，色泽明亮，呈橘红色，深受东北、华北及华中地区消费者青睐，工艺与酱香兔类似。

1. 原、辅料及配方

①腌制液配方 水100千克，生姜2千克，葱1千克，八角1千克，盐17千克。配制方法：先将葱、姜洗净，姜切片后和葱、八角一起装入料包入锅，放水煮至沸，然后倒入腌制缸或桶中，按配方规定量加盐，搅溶冷却至常温待用。

腌液的使用和注意事项：新配的腌液当天可连续使用2～3次，每次使用前需调整腌液的浓度。正常情况下使用过的腌液当天废弃，不再使用。

②香料水配方 水100千克，八角3千克，肉桂3.5千克，葱4千克，姜5千克。配制方法：将以上配料入锅熬煮，水沸后焖煮1～2小时，而后用双层纱布过滤待用。

③煮液配方 兔肉100千克，水100千克，白糖2.5千克，食盐1.5千克，料酒1千克，味精0.4千克，调味粉0.15千克。

④配初卤配方 同酱香兔加工。

⑤稠卤配方 老卤30千克，白糖10千克，酱油3千克，蚝油2千克，辣椒粉3千克，川椒粉0.5千克，麻油1.5千克，调味粉0.7千克。

2. 工艺流程

原料选择→清洗整理→腌制→煮制→浸稠卤→冷却包装→巴氏杀菌→急冷→装箱入库

3. 操作要点

①原料选择 选用新鲜或解冻后的前腿或肋排骨肉为原料。

②清洗整理 将兔肉整理去污、去油脂，清水洗净，沥水。

③腌制 将处理好的兔肉入腌缸浸腌，上加压盖让兔肉全部浸没液面以下。常温20℃左右条件下腌制3小时，0～4℃条件下腌制4小时。

④煮制 按配方准确称取各种配料入锅搅溶煮沸，再将肉下锅并提升两次，继续升温加热至小沸，而后转95℃小火焖煮30分钟。在加热过程中，要将肉料提升两次。

⑤浸稠卤　先将稠卤煮沸调好，再将已煮好的兔肉分批入稠卤锅浸煮3分钟左右出锅，入清洁不锈钢盘送冷却间冷却。

⑥冷却包装　冷却10～15分钟即可包装，按规定的包装规格进行称量。包装时要剔除尖骨，以防戳穿包装袋。

⑦杀菌　巴氏杀菌，85℃、15分钟。

⑧急冷　杀菌后用流动的自来水或冰水冷却至常温，点数装箱入库。

（三）五香卤兔

五香卤兔是我国特色传统制品之一，因味道芳香、清甜爽口而久负盛名，又因我国饮食文化底蕴深厚，各地区、各民族对风味喜爱不同，使五香卤兔制品又发展成了多风味的系列产品，但其工艺大致相同。

1. 原、辅料及配方（提供3种配方）

配方一　兔肉50千克，葱200克，鲜姜85克，八角22克，花椒16克，大茴香12克，肉桂8克，丁香5克，酱油0.5克，精盐1.2千克，水40千克，料酒0.8千克。

配方二　兔肉50千克，大茴香60克，生姜60克，小茴香40克，肉桂40克，丁香20克，砂仁20克，肉豆蔻20克，白芷20克，草果35克，花椒35克，食盐2千克，糖1千克。

配方三　兔肉50千克，丁香70克，肉桂65克，八角75克，陈皮70克，精盐75克，蒜泥250克，姜汁300克，葱花300克，麻油1.5千克，黄酒2千克，冰糖3.5千克，酱油5千克。

2. 工艺流程

兔肉洗净→预煮→卤煮→调汁→烧汁→冷却→包装→成品

3. 主要设备　电热蒸煮锅或电热提升锅、包装设备。

4. 操作要点

①原料整理　将兔宰杀剥皮后，开膛拉取内脏，将屠宰后的兔胴体切成7大块（头颈2块、前后腿4块、中部1块），除去淤血、杂污和毛，用清水洗净。

②预煮　将兔肉块放入锅中用旺火煮沸5分钟，除去腥气后再用凉水漂洗，冷却备用。

③调卤　将香料碾碎装袋、扎口放入锅内，再加入清水适量，加入黄酒、白糖和精盐，在旺火上煮成卤水。如果以后多次加工，为了节省辅料开支和加工时间，要注意两个方面：一是当兔肉出锅后，要及时把卤汤用纱布滤过倒入

缸内，到再一次煮时，等煮到八九成熟时，撇出漂浮出的泡沫；二是要注意加辅料和用水，辅料的加法可采取5袋轮换法，即第一次加工的五香料，装入第一袋内，当以后每次再煮沸时，都在第一次量的基础上追加20%，再装入第二袋内，第二袋满后，再续第三袋，一直到第五袋装满时，即将第一袋内的料倒除，再后续装袋，以此类推。水的加法，以每次都保持到水面刚好超过锅中的肉面为准，如不够就续加。

④卤煮　将兔肉块放入卤水锅里，以旺火煮约1小时，再用文火焖煮50分钟左右，至兔肉块煮透后捞出，冷却。

⑤浇汁　将冷却后的兔肉块再用清水漂洗1小时，取出沥干。放入葱花、姜汁等配成的溶液中浸泡30分钟左右，再取出沥干用熟麻油涂抹肉表面即可。

⑥冷却包装　将冷却后的肉块真空包装，可直接冻藏贮存、销售或用巴氏杀菌后销售。

（四）芳香兔

芳香兔红色油润，色泽鲜艳，成品肉质疏松细嫩，入口化渣，适口性强，咸淡适中，酱香浓郁。

1. 原、辅料及配方

（1）腌液配方　兔肉100千克，食盐2.5千克，白糖1千克，亚硝酸钠10克，混合磷酸盐0.1千克。

（2）卤煮液配方　兔肉100千克，橘皮100克，肉桂300克，姜300克，丁香7克，白芷300克，砂仁50克，白豆蔻50克，草果100克。

2. 工艺流程

原料选择→宰杀漂洗→腌制→油炸→煮制→成品→入库

3. 主要设备　腌渍缸或池、油炸锅、电热提升锅、包装设备。

4. 操作要点

（1）原料选择　选用健康活兔，宰杀放血后，经剥皮（或烫毛），腹正中开线，除去全部内脏，将兔胴体分成7块（四肢、颈和2块背肋）加工。

（2）原料整理　把兔肉放入清水中浸漂洗涤，时间一般为1～3小时，浸漂至肉中没有血水为止。漂洗用水要充足、清洁。

（3）腌制　先把食盐、亚硝酸钠和白糖充分混合粉碎后，用手均匀地擦在兔肉表面。磷酸盐应先用少量温水溶解并冷却后，再均匀地洒在兔肉上，最后再把兔肉揉搓一次。把肉块尽量堆叠实在，上面用塑料膜覆盖，防止水分蒸发，再盖一张牛皮纸（或其他纸张），以防光线直射兔肉，影响腌制效果。腌制时间长短与腌制温度有关。若温度低，腌制时间宜长；若温度高，则腌制时间短。但温度高时，容易引起微生物大量生长繁殖和肉中酶的酵解，导致肉变质甚至腐败。因此，一般应在5～10℃腌制48～72小时较为妥当。除了在炎热的夏季应降温腌制外，一般春秋和冬季，在室温下腌制即可。但腌制时间要灵活掌握，待肉块硬实、呈鲜艳的玫瑰红色即可。

（4）油炸　把腌好的兔肉表面水分晾干或擦干后，均匀地涂抹上一层饴糖或糖液（糖与水的比例为4∶6），然后放入150～180℃的热油锅中炸半分钟，使肉表面呈酱红色即可捞出。

（5）煮制　把配料用纱布包好放入水中，大火煮沸5分钟左右，再下兔肉，继续煮制，并撇除水面的浮沫，然后加入食盐20～40克，改用文火煮，保持锅内水温在85～90℃即可，不要让水沸腾。一般文火煮2～3小时，兔肉便可达到熟烂的程度（老兔肉可稍长一些，当年幼兔可适当缩短文火煮时间）。在慢煮的过程中要轻轻翻动兔肉2～3次，切勿把兔肉翻烂，出锅后冷却。

（6）巴氏杀菌或冻藏　冷却后的芳香兔肉块可真空包装后进行巴氏杀菌，在0～4℃条件下销售，也可入库冻藏。在冻结状态下销售，食用时用微波解冻即可。

（五）香酥兔

香酥兔又称五香酥皮兔。成品外观色泽金黄或枣红，油润光亮，肉质细嫩且脱骨，皮酥脆，咸甜适中，香而不腻。

1. 原、辅料及配方　兔肉4千克，食盐20克，黄酒20毫升，葱末15克，鲜姜末5克，八角5克。

2. 工艺流程

原料选择→原料整理→卤煮→酥皮→成品

3. 主要设备　电热煮制提升锅、油炸锅、包装设备。

4. 操作要点

（1）原料选择　以3～4千克活重的成年肉兔为佳，原料兔要求肌肉丰满、背宽腿粗、臀圆结实、符合卫生检疫标准。

（2）原料整理　香酥兔的生坯制作要求与甜皮兔相同，需保证坯料皮肤完整光洁。在白条兔基础上，将兔坯卧放在操作台上，用刀面平拍兔坯数次，使兔坯大骨关节脱臼或错位，然后晾干备用。平刀拍打兔坯是制作香酥兔关键环节之一，拍打不足，无脱骨酥肉的作用；如用力过猛，易打破骨骼，损坏成品外形，影响产品质量，且不耐贮藏。一般以大关节活动方位增大或变位为拍打适度。

(3) 卤制　将新卤（或老卤）用急火煮沸，再把晾干的生坯浸入煮沸的卤汁内，如用老卤，可适当添加配料。待卤汁开沸后，换用微火煨制1.5～2小时，再投入适量白砂糖，直至肉质酥烂，捞出沥干即为半成品。香酥兔半成品骨酥肉烂，出锅时，应轻轻捞出，以防拖损骨肉，影响外观形状。

(4) 酥皮　又称过油走红。将糖稀（饴糖）淡薄地刷在晾干的半成品上，然后将坯料放入热油锅内走油，使皮肤表面炸至金黄或枣红色，且表皮酥脆，即为成品。

过油走红是香酥兔成品呈现产品独特风味的重要环节之一。为了保证呈色均匀，皮质酥脆，表面糖稀应均匀，且不宜刷得过厚，以防出现焦煳，影响成品质量。

三、熏烤制品

熏烤肉制品在我国有着悠久的历史。因熏烤工艺赋予了肉制品特殊的香味和表皮酥性或咀嚼时的韧性口感，深受我国各地人们喜爱。此类制品加工技术较简单，可以家庭操作，也可以小工厂作坊式操作。但因这种生产模式卫生条件差，产品质量不稳定且产量低，缺乏国际市场竞争力，现部分企业已发展成为大、中规模无烟或明炉烧烤，制成半成品出口创汇，并取得了良好的效益。

（一）熏制

烟熏是肉制品加工的主要手段，许多肉制品特别是西式肉制品如火腿、培根等均需经过烟熏。肉品经过烟熏，不仅获得特有的烟熏味，而且保存期延长。烟熏技术是为生产具有特种烟熏风味制品的一种加工方法。

1. 烟熏的目的　烟熏能够赋予制品特殊的烟熏风味，增进香味，使制品外观产生特有的烟熏色，对加硝肉制品促进发色作用，同时脱水干燥，杀菌消毒，防止腐败变质，使肉制品耐贮藏。烟气成分渗入，肉内部可以防止脂肪氧化。

(1) 呈味作用　烟气中的许多有机化合物附着在制品上，赋予制品特有的烟熏香味，如有机酸（蚁酸和醋酸）、醛、醇、酯、酚类等，特别是酚类中的愈创木酚和4-甲基愈创木酚是最重要的风味物质。将木材干馏时得到的木馏油进行精制处理后得到一种木醋液，用在熏制上也能取得良好的风味。

(2) 发色作用 熏烟成分中的羰基化合物，可以和肉蛋白质或其他含氮物中的游离氨基发生美拉德反应。熏烟加热促进硝酸盐还原菌增殖及蛋白质的热变性，游离出半胱氨酸，因而促进一氧化氮血素原形成稳定的颜色。另外，还会因受热有脂肪外渗起到润色作用。

(3) 杀菌作用 熏烟中的有机酸、醛和酚类杀菌作用较强。熏烟的杀菌作用较为明显的是在表层，经熏制后产品表面的微生物可减少1/10。大肠杆菌、变形杆菌、葡萄球菌对烟最敏感，3小时即死亡。只有霉菌及细菌芽孢对烟的作用较稳定。未经腌制处理的生肉，如仅烟熏则易迅速腐败。可见由烟熏产生的杀菌防腐作用是有限度的。而通过烟熏前的腌制和熏烟中和熏烟后的脱水干燥则赋予熏制品良好的贮藏性能。

(4) 抗氧化作用 烟中许多成分具有抗氧化作用，有人曾用煮制的鱼油试验，通过烟熏与未经烟熏的产品在夏季高温下放置12天测定它们的过氧化物，结果经烟熏的为2.5毫克/千克，而非经烟熏的为5毫克/千克，由此证明熏烟具有抗氧化能力。烟中抗氧化作用最强的是酚类，其中以邻苯二酚和邻三酚及其衍生物作用尤为显著。

2. 熏烟的产生 用于熏制肉类制品的烟气，主要是硬木不完全燃烧得到的。烟气是由空气（氮、氧等）和没有完全燃烧的产物——燃气、蒸气、液体、固体物质的粒子所形成的气溶胶系统，熏制的实质就是产品吸收木材分解产物的过程。因此，木材的分解产物是烟熏作用的关键，烟气中的烟黑和灰尘只能脏污制品，水蒸气成分不起熏制作用，只对脱水蒸发起决定作用。已知的200多种烟气成分并不是熏烟中都存在，受很多因素影响，并且许多成分与烟熏的香气和防腐作用无关。烟的成分和供氧量与燃烧温度有关，与木材种类也有很大关系。一般来说，硬木、竹类风味较佳，而软木、松叶类因树脂含量多，燃烧时产生大量黑烟，使肉制品表面发黑，并含有多萜烯类的不良气味。在烟熏时一般采用硬木，个别国家也采用玉米芯。熏烟中包括固体颗粒、液体小滴，颗粒大小一般在50～800微米，气相大约占总体的10%。

熏烟包括高分子和低分子化合物，从化学组成可知这些成分或多或少是水溶性的，这对生产液态烟熏制剂具有重要意义，因水溶性的物质大都是有用的熏烟成分，而水不溶性物质包括固体颗粒（煤灰）、多环烃和焦油等，这些成分中有些具有致癌性。熏烟成分可受温度和静电处理的影响。在烟气进入熏室内之前通过冷却烟气，可将高沸点成分，如焦油、多环芳烃减少到一定范围。将烟气通过静电处理，可以分离出熏烟中的固体颗粒。木材含有50%的纤维素、25%半纤维素和25%的木质素。软木和硬木的主要区别在于木质素结构的不同。软木中的木质素中甲氧基的含量要比硬木少。木材在高温燃烧时产生烟气的过程可分为二步：第一步是木材的高温分解；第二步是高温分解产物的变化，形成环状或多环状化合物，发生聚合反应、缩合反应以及形成产物的进一步热分解。在缺氧条件下木材半纤维素热分解温度为200～260℃，纤维素为260～310℃，木质素为310～500℃。缺氧条件下的热分解作用会产生不同的气相物质、液相物质和一些煤灰，大约有35%木炭、12%～17%对熏烟有用的水溶性化合物，另外还产生10%的焦油、多环烃及其他有害物质。

3. 熏烟的沉积和渗透　影响熏烟沉积量的因素有：食品表面的含水量、熏烟的密度、熏烟室内的空气流速和相对湿度。一般食品表面越干燥，沉积得越少（用酚的量表示）；熏烟的密度愈大，熏烟的吸收量越大，与食品表面接触的熏烟也越多；然而气流速度太大，也难以形成高浓度的熏烟。因此，实际操作中要求既能保证熏烟和食品的接触，又不致使密度明显下降，常采用7.5～15米/分的空气流速。相对湿度高有利于加速沉积，但不利于色泽的形成。熏烟过程中，熏烟成分最初在表面沉积，随后各种熏烟成分向内部渗透，使制品呈现特有的色、香、味。影响熏烟成分渗透的因素是多方面的：熏烟的成分、浓度、湿度，产品的组织结构、脂肪和肌肉的比例，水分的含量、熏制方法和时间等。

4. 熏烟方法

(1) *冷熏法*　在低温（15～30℃）下，进行较长时间（4～7天）的熏制和腌渍。冷熏法宜在冬季进行，夏季很难控制，特别当发烟很少的情况下，容易产生酸败现象。冷熏法生产的食品水分含量在40%左右，其风味不如温熏法。冷熏法主要用于干制的香肠，如色拉米肠、风干香肠等，也可用于带骨火腿及培根的熏制。

(2) *温熏法*　原料经过适当的腌渍（有时还可加调味料）后，用较高的温度（40～80℃，最高90℃）经过一段时间的烟熏。温熏法又分为中温法和高温法。

①中温法　温度为30～50℃，用于熏制脱骨火腿和通脊火腿及培根等，熏制时间通常为1～2天，熏材通常采用干燥的橡材、樱材、锯末，熏制时应控制温度缓慢上升，用这种温度熏制，重量损失少，产品风味好，但耐贮藏性差。

②高温法　温度为50～85℃，通常在60℃左右，熏制时间4～6小时，是应用较广泛的一种方法，因为熏制的温度较高，制品在短时间内就能形成较好的熏烟色泽，但是熏制的温度必须缓慢上升，不能升温过急，否则产生发色不

均匀现象。一般灌肠产品的烟熏采用这种方法。

(3) *焙熏法(熏烤法)* 烟熏温度为90～120℃，熏制的时间较短，是一种特殊的熏烤方法，火腿、培根不采用这种方法。由于熏制的温度较高，熏材过程完成熟制，不需要重新加工就可食用，应用这种方法熏烟的肉缺乏贮藏性，应迅速食用。

(4) *电熏法* 在烟熏室配制电线，电线上吊挂原料后，给电线通1万～2万伏高压直流电或交流电，进行电晕放电，熏烟由于放电而带电荷，可以更深地进入肉内，以提高风味，延长贮藏期。电熏法使制品贮藏期延长，不易生霉；烟熏的时间缩短，只有温熏法的1/2；但制品内部的甲醛含量较高，使用直流电时烟更容易渗透。用电熏法时在熏烟物体的尖端部分沉积较多，造成烟熏不均匀，再加上成本较高等因素，目前电熏法还不普及。

(5) *液熏法* 用液态烟熏制剂代替烟熏的方法称为液熏法，目前在国外已广泛使用，液态烟熏制剂一般是从硬木干馏制成并经过特殊净化的含有烟熏成分的溶液。一般用硬木制液态烟熏剂。软木虽然能用，但需用过滤法除去焦油小滴和多环烃。最后产物主要是由气相组成，且含有酚、有机酸、醇和羰基化合物。利用烟熏液的方法主要为两种，一是用烟熏液代替熏烟材料，用加热方法使其挥发，包附在制品上。这种方法仍需要熏烟设备，但其设备容易保持清洁状态。而使用天然熏烟时常会有残渣沉积，以至需要经常清洗。二是通过浸渍或喷洒，使烟熏液直接加入制品中，省去全部的熏烟工序。

5. 熏烟中有害成分的控制 烟熏法具有杀菌防腐、抗氧化及增进食品色、香、味品质的优点，因而在食品尤其是肉类、鱼类食品中广泛采用。但如果采用的工艺技术不当，烟熏法会使烟气中的有害成分（特别是致癌成分）污染食品，危害人体健康。如熏烟生成的木焦油被视为致癌的危险物质。传统烟熏方法中多环芳香族类化合物易沉积或吸附在腌肉制品表面，其中被认为含有强致癌物质。此外，熏烟还可以通过直接或间接作用促进亚硝胺形成。因此，必须采取措施减少熏烟中有害成分的产生及对制品的污染，以确保制品的食用安全。

(1) *控制发烟温度* 控制好发烟温度，使熏材轻度燃烧，对降低致癌物是极为有利的。一般认为理想的发烟温度为340～350℃，既能达到烟熏目的，又能降低毒性。

(2) *湿烟法* 用机械的方法把高热的水蒸气和混合物强行通过木屑，使木屑产生烟雾，并将之引进烟熏室，同样能达到烟熏的目的，而又不会产生有毒物质对制品的污染。

（3）室外发烟净化　法采用室外发烟，烟气经过滤、冷气淋洗及静电沉淀等处理后，再通入烟熏室熏制食品，这样可以大大降低致癌物质的含量。

（4）液熏法　据前所述，液态烟熏制剂制备时，一般用过滤等方法已除去了焦油小滴和多环烃。因此，液熏法的使用是目前的发展趋势。

（5）隔离保护法　有效的措施是使用肠衣，特别是人造肠衣，如纤维素肠衣，对有害物有良好的阻隔作用。烟气成分大部分附着在固体微粒上，对食品的污染部位主要集中在产品的表层，所以可采用过滤的方法阻隔有害物质，而不妨碍烟气有益成分渗入制品中，从而达到烟熏目的。

6. 熏烟设备

（1）简易熏烟室（自然空气循环式）　这一类型的设备是按照自然通风的要求设计的，空气流通量是用开闭调节风门进行控制，于是就能进行自然循环。烟熏室的场址要选择湿度低的地方。其中搁架和挂棒可改成轨道和小车，这样操作更加便利。烟室是木结构，为防火内衬白铁皮。也可全部用砖砌。调节风门很重要，是用来调节温、湿度的。室内可直接用木柴燃烧，烘焙结束后，在木柴上加木屑发烟进行烟熏。这种烟熏室操作简便，投资少。但操作人员要有一定技术，否则很难得到均匀一致的产品。

（2）强制通风式烟熏装置　这是美国在20世纪60年代开发的烟熏设备，熏室内空气用风机循环，产品的加热源是煤气或蒸汽，温度和湿度都可自动控制，但需要调节。这种设备可以缩短加工时间，减少重量损耗。强制通风烟熏室和简易烟熏室相比有如下优点：烟熏室里温度均一，可防止产品出现不均匀；温、湿度可自动调节，便于大量生烟；因热风带有一定温度，不仅使产品中心温度上升很快，而且可以阻止产品水分的蒸发，从而减少损耗；香辛料等不会减少，国外普遍采用这种设备。

（3）隧道式连续烟熏装置　现在连续生产系统中已设计有专供生产肠制品用的连续烟熏房，这种系统通常每小时能生产肠制品1.5～5吨。产品的热处理、烟熏加热、热水处理、预冷却和快速冷却均在通道内连续不断地进行。原料从一侧进，产品从另一侧出来。这种设备的优点是效率极高。为便于观察控制，通道内装有闭路电视，全过程均可自动控制调节。不过初期的投资费用大，而且高产量也限制了其用途，不适于产量小、品种多的生产。

（4）熏烟发生器　强制通风式烟熏室的熏烟由传统方法提供，显然是不科学的。现通常采用熏烟发生器，其发烟方式有三种：

①木材木屑直接燃烧发烟，发烟温度一般为500～600℃，有时达700℃，由于高温，焦油较多，存在多环芳香族化合物的问题。

②用过热空气加热木屑发烟，这时温度不超过400℃，不用担心多环芳香族化合物的问题。

③用热板加热木屑发烟，热板温度控制在350℃，也不存在多环芳香族化合物。

（二）熏兔

熏兔色泽葵红，清香可口，外韧里嫩，操作工艺简单，配料因各地风俗习惯和饮食习惯不同而有很大差异。

1. 原、辅料及配方　兔肉100千克。砂仁20克，肉豆蔻20克，肉桂4克，陈皮40克，良姜40克、肉桂20克，白芷8克，丁香8克，草果20克，小茴香8克，山楂40克，川椒25克，大茴香40克，放纱布袋内备用。葱、蒜、鲜姜、辣椒、红糖、豆腐乳、白酒或黄酒、酱油、味精等适量，另放备用。

2. 工艺流程

原料选择→原料整理→调味煮制→熏制→冷却→成品

3. 主要设备　煮制提升锅、烟熏炉或烟熏锅、包装设备。

4. 操作要点

①选料和整理　选肌肉丰满的健康兔，屠宰后按常规剥皮，留头，除去头皮和耳，再从肛门处开膛，去掉胃肠和生殖器，取心、肝并去胆后留用。然后将胴体、心、肝用清水反复冲洗备用。

②造形　将胴体由头向尾弯曲，将两后腿夹住兔颈，用细绳扎紧两飞节处，胴体呈环状造形。

③煮制　将兔肉入锅上压重物，使汤淹没兔肉，加盖后急火煮沸20分钟，停火0.5小时，再加火煮至肉脱骨时出锅。

④熏制　烟熏材料以杨木、榆木为最好。等一种熏制方法是将兔挂在架车上推入烟熏炉中熏制，当熏烟温度达60～70℃时，烟熏约40分钟，出炉倒换再推入烟熏炉熏30分钟左右，兔体呈均匀橘红色时出炉。第二种方法是熏锅内放入茶叶或干净锯末、糖，放入熏架，将熟兔放在架上把锅盖严，慢火至锅内冒黄烟，10分钟取出抹上熬好的糖稀，回锅熏20分钟左右，肉呈橘红色或朱红色，取出抹上调拌的香油即为成品。第三种方法是用旺火将锅烧红后，把金属笼架放入锅里，将兔放在金属笼架上（或木条上），兔与兔之间保持一定距离以便串烟，不要相互紧密接触，否则熏烟不匀，兔体颜色深浅不一致。兔体不能离锅底和锅边过近，以免温度过高熏焦。把兔放好后立即在锅底撒砂

糖，迅速盖上锅盖。糖要均匀地撒在整个锅底上，以便充分炭化产生大量的浓烟。要防止因糖撒得不均匀，烟大小不一致而影响熏兔质量。糖撒入后先冒黄烟，后冒白烟，出现白烟时兔基本熏好了，这时可以揭开锅盖，若兔体颜色过浅，可再撒些砂糖，盖上锅盖重新熏制。熏好的兔应呈均匀一致的鲜红色或深红色。

5. 贮藏方法　将熏制好的兔后肢用绳子扎好，挂在通风干燥处。一般在常温下，可贮藏1个月，秋后可贮藏3～4个月，夏季不超过3～5天为佳。

6. 食用方法　将熏兔切成薄片或肉丁状，加入生姜、辣椒、酒、味精等作料，炒熟后食用，也可以与油炸豆腐一起炒，风味独特，香味诱人。

（三）烤兔

烤兔呈枣红色，外表有光泽，有特殊的烧烤香味，在国内外有很好的消费市场。本加工技术是在一般传统上进行了改进，表现在增强了烤兔产品色、香、味的稳定性，并提高了产品的出品率，大大增加了企业经营者的效益。

1. 原、辅材料及配方　兔肉100千克，食盐6千克，白糖2.5千克，乙基麦芽酚0.1千克，亚硝酸盐0.01千克，大茴香100克，白芷80克．花椒140克，丁香50克，味精1千克，草果60克，砂仁60克，肉桂80克，小茴香100克，陈皮80克。

2. 工艺流程

原料选择→原料整理→腌制→真空滚揉→涂饴糖→烤制→成品

3. 主要设备　腌渍缸、真空滚揉机、烤炉、包装设备。

4. 操作要点

①选用肥嫩健壮的活兔，宰杀后清洗干净。

②将兔胴体入清水浸泡1～2小时，除去污物等杂质。

③将辅料入锅煮沸后冷却，即为腌制卤汁，待用。

④兔胴体浸入上述腌制卤汁中卤腌14小时左右，放入真空滚揉机内滚揉10小时，每滚揉2分钟，停15分钟，滚揉温度为0～10℃。

⑤一般传统工艺都是将肉捞出后挂通风干燥处自然晾晒，待其表面稍干后再刷蜜，这样受自然条件影响大，生产周期长，可以用烘烤干燥法取而代之。在烘炉里面先用热风烘烤，温度为61～66℃，时间40分钟，待制品的水分含量达到需要后进行下道工序。这样大大缩短了产品加工周期，使其规模化，可控性成为可能。

⑥在兔皮上均匀涂抹饴糖后晾干，如饴糖黏稠，可用少量水稀释后用，一

般饴糖：水为7：3或6：4。

⑦将兔坯移入烤炉中进行烤制。正常炉温在220～250℃，烤制时间视兔坯大小和肥度而定。一般约需烤制40分钟左右。烤制过程中要转动兔坯，以便均匀熟化，也可以120℃烤制10分钟，再升温至230℃，烤20分钟。

⑧烤兔出炉后冷却，鲜销或包装后贮存。

（四）兔肉烧烤制品

烧烤制品系指鲜肉经配料腌制，最后经过烤炉的高温将肉烤熟的肉制品，也称挂炉食品。我国各地生产的烤兔风味均具特色，但尚未有一种像其他肉类烤制品脱颖而出、独占鳌头的。

1. 烧烤的基本原理　利用热气对制品进行加热称为烧烤，它是肉制品热加工的一种方法。烧烤能使肉制品产生诱人的香味，增强表皮的酥脆性以及产生美观的色泽。肉类经烧烤产生香味，是由于肉类中的蛋白质、糖、脂肪、盐等物质，在加热过程中经过降解、氧化、脱水、脱羧等一系列变化，生成醛类、酮类和醚类等化合物，尤其是糖、氨基酸之间的美拉德反应，即羰氨反应，它不仅生成棕色物质，同时伴随着生成多种香味物质，从而赋予肉制品香味。蛋白质分解产生谷氨酸，与盐结合生成谷氨酸钠，使肉制品带有鲜味。在加工过程中，腌制时加入的辅料也有增香的作用。如五香粉含有醛、酮、醚、酚等成分，葱、蒜含有硫化物；在烤制时，涂抹糖水所用的麦芽糖或糖，烧烤时皮层蛋白质分解生成的氨基酸发生美拉德反应，起着美化外观的作用且产生香味物质；烧烤前浇淋热水和晾皮，使皮层蛋白凝固，皮层变厚、干燥；烤制时在热空气作用下，蛋白质变性而酥脆。烧烤的目的是赋予肉制品特殊的香味和表皮酥脆性，提高口感；脱水干燥，杀菌消毒，防止腐败变质，使制品有耐藏性；使产品色泽红润鲜艳，外观良好。

2. 烧烤的方法　烧烤的方法基本有两种，即明炉烧烤法和挂炉烧烤法（暗炉烧烤法）。

（1）*明炉烧烤法*　明炉烧烤法是用铁制的、无关闭的长方形烤炉，在炉内烧红木炭，然后把腌制好的原料肉，用烧烤用的铁叉叉住，放在烤炉上进行烤制，在烧烤过程中将原料肉不断转动，使其受热均匀，成熟一致。这种烧烤法的优点是设备简单、比较灵活、火候均匀、成品质量较好，但较花费人工。

（2）*挂炉烧烤法*　挂炉烧烤法也称暗炉烧烤法，即用一种特制的能关闭的烧烤炉，如远红外线烤炉、缸炉等。前种烤炉热源为电，后种烤炉的热源为木炭，在炉内通电或烧红木炭，然后将腌制好的原料肉（兔坯）串好挂在炉内，关上炉门进行烤制。烧烤温度和烤制时间视原料肉而定。一般烤炉温度为200～220℃，加工兔肉烤30～40分钟。挂炉烧烤法应用比较多，花费人工少，环境污染少，但一次烧烤的量比较多，火候不是十分均匀，成品质量不如明炉烧烤好。

四、干制品

兔肉干制品是将兔肉先经加工、再成型、干燥或成型后再经加工制成的干熟肉类制品。兔肉干制品主要包括兔肉松、兔肉干及兔肉脯三大类。

（一）干制方法和目的

肉的干制就是将肉中一部分水分排除的过程，因此又称其为脱水。肉品干制目的：一是抑制微生物和酶的活性，提高肉制品的保藏性；二是减轻肉制品的重量，缩小体积，便于运输；三是改善肉制品的风味。肉干燥时肉所含水分自表面逐渐蒸发，为加速肉品干燥，常将肉切成片、丁、丝等形状。干燥时空气的温度、湿度、流速等都会影响干燥速度。因此，为了加速干燥，既要加强空气循环，又要加热。但加热对肉制品品质有影响，故又有了减压干燥的方法。根据其热源的不同，可分为自然干燥和加热干燥，干燥的热源有蒸汽、电热、红外线及微波等。根据干燥时的压力不同，肉制品干燥包括常压干燥和减压干燥。减压干燥包括真空干燥和冷冻升华干燥。一般干燥后的肉制品不容易再恢复到干燥前的状态，只有用特殊方法干燥的肉制品才能恢复到接近干燥前的状态。肉品在干制过程中，随着水分的丧失，水分含量下降，因而抑制了微生物新陈代谢而不能使其生长繁殖，从而延长了保藏期限，但干制并不能将微生物全部杀死，只抑制它们的活动，环境条件一旦适宜，干制品又会重新吸湿，使微生物恢复活动。因此，干制品并非无菌。

（二）兔肉松

肉松是我国著名特产，具有营养丰富、味美可口、携带方便等特点。兔肉松是指兔肉经煮制、调味、炒松、干燥或加入食用动物油炒制而成的肌纤维疏松呈絮状或团粒状的熟肉制品。兔肉因瘦肉多、脂肪少，是加工肉松的好原料。其中美味兔肉松是南京农业大学陈伯祥教授精心研制的产品。

1. 原、辅料及配方　兔肉100千克，优质肉松专用粉18千克，熟芝麻7克，精炼植物油12千克，白砂糖18千克，精盐3千克，味精0.3千克，生姜

1 千克，葱 1 千克，料酒 1 千克，混合香料 0.04 千克（丁香、肉豆蔻、砂仁、八角、花椒、小茴香、陈皮）。

2. 辅料选择与要求

（1）肉松专用粉要求蛋白含量高、无异味、经加工熟化的芸豆细粉。

（2）脱皮熟芝麻经脱皮处理后炒熟至浅黄色。

（3）油、糖、盐、味精应符合国家卫生标准。

（4）香辛料购自中药店并符合质量要求。

3. 工艺流程

原料整理→煮制→加料搅拌→拉丝→炒松→冷却→包装→成品

4. 加工设备　电热多功能煮制锅（平底）、拉丝机、炒松机、自动连续分口机、其他辅助工具等。

5. 工艺操作要点和技术参数

（1）原料整理　按加工量准确称取，经检验符合卫生要求的新鲜兔肉或冻兔肉，清洗干净待用。

（2）辅料　生姜洗净、切片，葱洗净、打节，香辛料按配方称量混合，与生姜、葱一起用纱布包扎好待用，料酒备好待用。

（3）煮制　煮制设备用多功能电热煮制锅，每锅煮肉量以 25 千克为宜，最大量不超过 30 千克，将整理好的兔肉入锅，锅内加水 1～1.5 倍，以漫过肉面为原则，再将香料包放入锅中，加热煮沸 10 分钟左右，翻动使兔肉受热均匀，将料酒入锅，翻拌后转小火微沸加盖焖煮，煮制过程中适当翻动肉块，约煮 3 小时左右，至肉烂成丝状为止。这时打开锅盖通电加热，并不断翻动加速水分蒸发，直至汤汁收尽为止。

（4）加料拌溶　在汤尽未冷时，将配料中盐、糖、味精混匀，撒入肉料中边撒边翻动搅拌均匀，微加热使其全部溶匀。出锅放入经消毒的不锈钢盆或盘中冷却，不断翻动以加快冷却，冷后将称好的肉松专用粉拌匀至肉料中，如生产高钙肉松、儿童肉松添加的钙剂和其他添加剂应先拌入肉松专用粉中再以混合粉加拌入肉料中。

（5）拉丝　用专用设备拉丝机操作，开机前 1 小时将拉丝机清洗、沸水消毒、晾干，在出料口放一大不锈钢盆或盘等接料，再开机投料拉丝，重复拉丝 4～5 次，至肉料拉成松散的丝状为止。拉丝结束后机械必须洗净，并用开水冲洗消毒。切记注意安全，手和工具不能投入投料口，以防损坏机器或伤人。

（6）炒松　用专用炒松机自动翻炒，人工辅助。先开动点火加热炒松机，待机底板很烫时，再倒入拉好丝的肉料入锅炒制。每锅加料量以 15 千克（根据设备生产能力设定）为例，炒制时间全程50～70分钟，边炒边翻动，炒制45分钟左右，兔肉松开始微黄时加入熟芝麻，炒到55分钟左右肉料干、松、黄时洒入热油（130℃），边加、边翻拌肉松，使其快速均匀。加油后5～10分钟肉松呈橘红色时快速出料，严防炒焦，净油时火可以关小。盛成品肉松的盆或盘必须提前清洗，消毒晾干。炒松是影响产品质量最关键的一环，操作人员必须动作敏捷、规范、准确，观察和判断要认真仔细，否则此时最易出次品。

（7）冷却出锅 肉松放入成品冷却间，30～50分钟翻动1～2次，加速均匀冷却。冷却时要事先紫外灯杀菌，力求干燥、清洁、卫生，冷却时间不宜太长，以免吸潮变软，影响产品质量和保质期。

（8）包装 定量非真空包装，操作要轻，避免压碎，称量要准，注意卫生，严防污染。

6. 产品特点 成品色泽金黄或淡黄，肌肉纤维疏松、柔软，呈丝绒状，风味独特，芳香浓郁，回味悠长。兔肉松营养丰富，食用方便，入口化渣，是高蛋白、低脂肪营养食品，为老幼病弱者的上等佳肴。

7. 成品出率和保质期 成品出率一般为70%～80%，常温下保质6个月。

8. 产品质量控制关键点

（1）原料肉和辅料必须优质、新鲜、符合本产品原料要求，要定点、定厂、规范定型，不得多变，不符合要求决不进入车间加工。

（2）肉料煮制的烂度是影响产品组织状态的关键，严格控制肉、水比例及煮制火候和时间，不烂决不能出锅拉丝，否则易出现并条，加大拉丝难度和次数。

（3）肉料煮后必须收尽汤汁或漏去汤汁后，在微火加热下加糖、盐混合料，切忌不能在有汤汁情况下加入糖、盐料，否则汤易焦化，出现湿料而不利于拉丝。拌肉松专用粉时，肉料要冷，切忌热拌，否则易结黏块。

（4）炒松是影响质量的关键，要定量、定时、定温、规范操作，否则易出现次品：①肉量过大、油温过低，加油过早易延长炒松时间，会出现碎松；②肉量过少，油温过高，加油太晚，若操作反应太慢易出现深色丝松；③肉量过大，油温过高，易出现肉松颜色深浅不匀。因此，必须严格掌握好肉量、火力、时间、油温和出锅前肉色的准确、快速判断。

（三）兔肉干

肉干是指瘦肉经预煮、切丁（条片）、调味、浸煮、脱水等工艺制成的肉制品。由于原辅料、加工工艺、形状、产地等的不同，肉干的种类很多，但按加工工艺不外乎传统工艺和改进工艺两种。我国传统的兔肉干制品，是在脱水加工过程中佐以调味料而成的风味熟食干制品。这类制品营养丰富，风味浓郁，而且体积小，重量轻，便于包装和携带，是旅游和居家的方便佳肴。兔肉干制品的加工工艺简便、易行，规模不限，无论手工或机械进行生产均可，是很有前途的一种肉类加工方法。其特色是干而不焦，脆而不硬，柔软酥松，芳香可口。色泽呈棕红色，形状有条、片、粒状。

1. 原、辅料及配方（提供5种兔肉干配方）

（1）*风味兔肉* 干兔肉100千克，白糖15千克，食盐3千克，曲酒0.5千克，生姜1.5千克，酱油3～4千克，黑胡椒0.3千克，咖喱粉或五香粉0.4千克，味精0.5千克，5′-肌苷酸钠+5′-鸟苷酸钠0.05千克，维生素C 0.1千克，β-环糊精0.15千克，八角0.1千克，肉桂0.1千克，丁香0.05千克，小茴香0.05千克，鲜辣味粉0.3千克。

（2）*五香兔肉干* 兔肉100千克，白糖8.25千克，食盐2千克，生姜0.35千克，酱油2千克，五香粉0.2千克，味精0.5千克，白酒0.625千克。

（3）*咖喱兔肉干* 兔肉100千克，食盐3千克，酱油3.1千克，白糖12千克，白酒2千克，咖喱粉0.5千克，味精0.5千克，葱1千克，姜1千克。

（4）*麻辣兔肉干* 兔肉100千克，食盐3.5克，酱油4千克，老姜0.5千克，混合香料0.2千克，白糖2千克，酒0.5千克，胡椒粉0.2千克，味精0.1千克，辣椒粉1.5千克，花椒粉0.8千克。

（5）*果汁兔肉干* 兔肉100千克，食盐2.5克，酱油0.37千克，白糖10千克，姜0.25千克，大茴香0.19千克，果汁露0.2千克，味精0.3千克，鸡蛋0.8千克，辣酱0.38千克，葡萄糖1千克。

2. 工艺流程

原料预处理→初煮→切坯→复煮→收汁→脱水→冷却→包装

3. 主要设备 电热蒸煮锅、烘干设备或油炸设备、包装设备。

4. 工艺操作要点

（1）*原料预处理* 将原料兔肉剔除皮、骨、筋腱及肌膜后，顺着肌纤维切成0.5～1千克的肉块，用清水浸泡1小时左右除去血水、污物，沥干后备用。

（2）*初煮* 将清洗干净的肉块放在沸水中煮制，煮制时以水漫过肉面为原则。一般初煮时不添加任何辅料，有时为去除异味，可以加1%～2%鲜姜。初煮时水温保持在90℃以上，并及时撇去汤面污物。初煮时间视肉的嫩度及肉块大小而定，以切面呈粉红色、无血水为宜，通常初煮1小时左右。肉块捞出后，汤汁过滤待用。

（3）切坯 经初煮后的肉块冷却后，按不同规格要求切成块、片、丁、条，但不管是任何形状，都力求大小均匀一致。通常的规格有1厘米×1厘米0.8厘米的肉丁或者2厘米×2厘米×0.3厘米的肉片。

（4）复煮 复煮是将切好的肉坯放在调味汤中煮制，取肉坯重20%～30%的过滤初煮汤，将配方中的中草药类辅料装纱布袋放入锅中煮后，加入其他辅料及肉坯。用大火煮制30分钟后减小火力，以防焦锅，用小火煨1～2小时，待卤汁收干起锅。

（5）脱水 兔肉脱水法有3种：

①烘烤法 收汁后，将肉坯铺在筛网或铁丝网上，放置烘房或远红外烘箱烘烤。烘烤温度前期控制在60～70℃，后期可控制在50℃左右，一般需要5～6小时，即可使含水量下降到20%以下。在烘烤过程中要注意定时翻动。

②炒干法 收汁后，肉坯在原锅中文火加温，并不停翻动，炒至肉块表面微微出现蓬松绒毛时，即可出锅，冷却后即为成品。

③油炸法 将肉切成条后，用2/3的辅料（其中白酒、白糖、味精后放）与肉条拌匀，腌渍10～20分钟后，用150℃的油进行油炸，油炸时要控制好肉坯量与油温的关系，如油温高、火力大，应多投肉坯。如选用恒温油炸锅，成品质量易控制，炸到肉块呈微黄色后，捞出并沥油，将酒、白糖、味精和剩余的1/3辅料混入拌匀即可。在实际生产中，亦可先烘干再上油衣，参照四川生产的麻辣肉干，在烘干后用菜油或麻油炸酥起锅。

（6）冷却包装 现在通常在清洁室内摊晾自然冷却，必要时可用机械排风，但不宜在冷库中冷却，否则易吸水变潮。包装最好用复合膜，尽量选用阻气、防湿性好的材料，以延长兔肉干的保质期。

5. 出品率和保质期 成品兔肉干出品率在45%左右。由于兔肉干吸水性较强，保藏时应特别注意防潮。用塑料袋真空包装，在通风干燥条件下可保存3～4个月，马口铁听包装，可保存1年左右。

6. 兔肉干成品标准 烘干的兔肉干色泽呈酱褐色泛黄，略带绒毛。炒干的肉干色泽淡黄，略带绒毛。油炸的肉干色泽红亮，外酥里嫩，肉香浓郁。

（四）兔肉脯

肉脯是指瘦肉经切片（或绞碎）、调味、摊筛、烘干、烤制等工艺制成的干熟、薄片形的肉制品。成品特点：干爽薄脆，红润透明，瘦不塞牙，入口化渣。与肉干加工方法不同的是肉脯不经水煮，直接烘干而制成。按加工工艺分为传统的肉脯和新型的肉糜脯两大类。

1. 传统蒸制型兔肉脯

(1) 原、辅料及配方 兔肉100千克，酱油15千克，味精5千克，白糖15千克，料酒1千克，姜粉0.5千克，葱粉0.5千克。

(2) 工艺流程

原料清洗→整理→切片→加调料液腌制→沥干→烘、烤→整形→蒸制→包装

(3) 主要设备 冷冻肉切片机、烤箱。

(4) 工艺操作要点

①原料清洗 选取兔精瘦肉较多的部位入水清洗浸泡2～3小时，洗净血水。

②整理 将洗净的兔肉除去脂肪、筋腱部分和血污等备用。

③切片

直接手工切片法：操作人员的刀工手法比较高超，切片厚度要求1～2毫米，大小不限，以片大为宜。切片要顺丝切，以保证成品具有一定的韧性，具有好的口感。

冷冻机器切片法，首先将整理好的肉放入冷库中深冻成冻肉，至机器可切时切片。

④腌制 切好的肉片放入混合均匀的腌制调味料中。

⑤烘烤 取出肉片后，单层铺放在筛网上，放入70～80℃烤箱中烘烤。

⑥整形 烘烤到七八成干，取出后整形成正方形。

⑦蒸制 整形后的肉片放入蒸锅，蒸10～15分钟。

⑧包装 取出后冷却包装即为成品。

2. 传统烧烤型兔肉脯

(1) 原、辅料及配方 兔肉100千克，白糖20千克，酱油12千克，味精0.5千克，5′-肌苷酸钠+5′-鸟苷酸钠0.05千克，鸡蛋3千克，胡椒粉0.2千克，维生素C 0.1千克，β-环状糊精0.15千克，曲酒0.5千克，红曲粉0.05千克。

(2) 工艺流程

原料选择整理→冷冻→切片→解冻→腌制→摊筛→烘烤、烧烤→压平→切片成型→包装

(3) 主要设备 切片机、搅拌机、远红外烘箱或烘房、压平机、真空包装机。

(4) 工艺操作要点

①原料选择和整理　选用新鲜的兔肉，顺肌纤维切成1千克大小的肉块。要求肉块外形规则，边缘整齐，无碎肉、淤血。

②冷冻　将修割整齐的肉块放入模内移入速冻冷库中速冻，至肉块内层温度达－2～4℃出库。

③切片　将冻结后的肉块放入切片机中切片或手工切片。切片时须顺肌肉纤维切片，以保证成品不易破碎。切片厚度一般控制在1～2毫米。国外肉脯有向超薄型发展的趋势，一般在0.2毫米左右。超薄型肉脯透明度、柔软性、贮藏性都很好，但加工技术难度大，对原料肉及加工设备要求较高。

④拌料腌制　将辅料混匀后，与切好的肉片拌匀，在不超过10℃的冷库中腌制2小时左右。腌制目的一是入味，二是使肉中盐溶性蛋白溶出，有助于摊筛时使肉片之间粘连。

⑤摊筛　在竹筛上涂刷植物油，将腌制好的肉片平铺在竹筛上，肉片之间彼此靠溶出的蛋白粘连成片。

⑥烘烤　烘烤的主要目的是促进发色和脱水熟化。将肉摊放在竹筛上，晾干水分后，进入远红外烘箱中或烘房中脱水熟化。烘烤温度控制在55～70℃，前期烘烤温度可稍高。肉片厚度为2～3毫米时，烘烤时间为2～3小时。

⑦烧烤　烧烤是将成品放在高温下进一步熟化并使质地柔软，产生良好的烧烤味和油润的外观。烧烤时可把半成品放在远红外空心烘炉上的转动铁丝上，用200～220℃温度烧烤1～2分钟，至表面油润、色泽深红为止。

⑧压平　成型包装烧烤结束后趁热用压平机压平，按规格要求切成一定的长方形。冷却后及时用塑料袋或复合袋真空包装，马口铁听装加盖后锡焊封口。

3. 新型兔肉肉糜脯　肉糜脯是由健康的畜禽肉经斩拌腌制抹片，烘烤成熟的干薄型肉制品。与传统肉脯生产相比，其原料来源更为广泛，可充分利用小块肉、碎肉，且克服了传统工艺生产中存在的切片、手工摊筛困难，实现了肉脯的机械化生产。因此，在实践中广为使用。

（1）原、辅料及配方　兔肉100千克，白糖12千克，酱油8千克，味精0.2千克，鸡蛋3千克，胡椒粉0.2千克，白酒0.5千克，维生素C 0.05千克。

（2）工艺流程

原料肉处理→斩拌→腌制→抹片→烘烤、烧烤→压平成型→包装

（3）主要设备　斩拌机、远红外烘箱、压平机。

(4) 工艺操作要点

①原料肉处理　选用健康兔各部位肌肉，经剔骨、去粗大的结缔组织，切成小块。

②斩拌　将预处理的肉和辅料块放入斩拌机斩成肉糜。斩拌是影响肉糜脯品质的关键，肉糜斩得越细，腌制剂渗透越快、越充分，盐溶性蛋白的肌纤维也容易充分延伸，成为高黏度的网状结构。这种结构的各种成分使成品具有韧性和弹性。在斩拌过程中，需加入适量的冷水或冰水，可增加肉糜的黏着性，调节肉馅硬度，也可降低肉糜温度，防止肉糜温度升高而发生变质。

③腌制　0℃腌制1～2小时为宜，如果在腌制料中添加适量的复合磷酸盐，则有助于改善兔肉脯的质地和口感。

④抹片　竹筛上涂刷植物油后，将腌制好的肉糜均匀涂抹于竹筛上，抹片厚度控制在1.5～2毫米，要求均匀一致。

⑤烘烤　同传统兔肉脯加工工艺。

⑥压片、包装　经压平机压平后，按成品规格要求进行切片、包装。

五、地方特色兔肉制品

(一) 上海兔肉松

1. 原、辅料及配方　带骨兔肉50千克，白糖2.5千克，盐1.5千克（或酱油750克），黄酒1.5千克，生姜0.5千克，味精100克。

2. 工艺流程

带骨兔肉整理→清洗→煮制→剔肉→压丝→擦松→冷却→包装→成品

3. 主要设备　蒸煮锅、搓松机。

4. 操作要点

(1) 选用健康兔，宰后清洗，去除头、腿、内脏，剥皮后清洗干净，入清水浸泡2小时，除去血污及异味。

(2) 将带骨兔肉放入锅中煮制，同时加入生姜、黄酒和部分糖，至兔肉可以压碎、自动离骨时，剔出骨头。

(3) 加入其余辅料，搅拌收汁，将兔肉肌纤维按其纹路撕碎，炒干。

(4) 人工搓松或用搓松机搓松，即为成品。

5. 产品特色　上海兔肉松鲜香绵软，味觉丰润，外观呈丝绒状或球状。配料中加盐的兔肉松呈白色，加酱油的呈黄色，成品率30%左右。

(二) 川式兔肉松

1. 原、辅料及配方 兔肉100千克，本色豆油12千克，白糖3.5千克，曲酒0.3千克，姜0.4千克，精盐0.1千克，白糖0.5千克。

2. 工艺流程

兔肉整理→清洗→熬煮→加糖收汁→脱水干燥→搓松→冷却→包装→成品

3. 主要设备 煮制锅、木制梯形搓板、烘干机或烘房。

4. 操作要点

(1) 将鲜兔肉洗净，把老姜拍碎一起放入锅中熬煮，至兔肉肌纤维可压散为止。

(2) 倒入其余辅料，添加配料中1/3的白糖，慢火煮制收汁。

(3) 汤汁快收尽时，加入剩余的白糖，至汤干时出锅。

(4) 用烘干机、烘房烘干或自然晾干法进行干燥脱水。

(5) 兔肉松脱水后，用木制梯形搓板反复轻搓，使兔肉肌纤维呈细长绒状或丝状，抖散蓬松。

5. 产品特色 松丝长细，富有弹性，鲜而不燥，汁浓味厚，助食解腻。色泽淡黄，香味纯正。成品率32%左右。

(三) 广汉缠丝兔

1. 原、辅料及配方 兔肉5千克，硝酸钠0.25克，食盐100克，白糖150克，甜面酱250克，细豆豉200克，鲜姜汁200克，白酒50克，豆油150克，胡椒粉0.05克，花椒粉0.15克，香油适量。砂仁0.1克、小茴香0.1克、山柰0.025克、肉桂0.125克，共研为细粉末。

2. 工艺流程

原料选择→晾挂→腌制→涂辅料→造型→熏制→包装→成品

3. 操作要点

(1) 原料选择 选用当年健康活兔、重在1.5千克以上的作为原料，经宰杀，剥去兔皮，挖去内脏，割去足爪。

(2) 晾挂 将鲜带骨兔肉冲洗干净，用麻绳拴住后腿挂晾在通风处，沥干水分。

(3) 腌制 腌制时按兔头、兔尾分层堆码，并且需放一层花椒炒制的盐，涂抹要均匀，洒上姜汁5克和白酒50克，要注意兔的头、腿部位辅料要多洒，腰、腹部位少洒，以渗透出血水，排除腥气，放入盐及调料。洒好辅料后盖上缸盖进行腌制。腌制时间为夏季 8 小时、冬季 2 天，腌好后起缸挂晾于通风干燥处，待晾干水分后即刻涂辅料。

(4) 涂辅料　将腌制好并晾干的兔腿部划破，用甜面酱、豆豉、白糖、香料、胡椒、花椒、姜汁 150 克等辅料兑成半液体状，均匀地涂抹在腹腔内壁上。

(5) 造型　将腌兔前腿塞入前胸，后腿向后拉直，用 2.5 厘米左右长的细麻绳从后腿缠绕至前肩胛部为止，每隔 4～5 厘米距离缠绕成螺旋形。缠绕时将腹部的两片肋骨肉相互包缠好。

(6) 熏制　将缠好的腌兔放置在阴凉干燥通风处 7 天左右，即可进熏炉烟熏 2 天左右。

(7) 煮制　将熏制过的缠丝兔，放入老汤中煮熟。然后解去麻绳，涂上香油即为成品。

4. 产品特色　缠丝兔是四川省广汉的地方名产，以其造型特别、色泽红亮、肉质细嫩、香味浓郁而驰名四方。

(四) 广州腊大兔

1. 原、辅料及配方　兔肉 5 千克，盐 25 克，酒 150 克，酱油 250 克，亚硝酸钠 0.75 克。

2. 工艺流程

原料整理→清洗→剔骨→修整→擦盐→洗盐→腌制→包装→成品

3. 操作要点

(1) 将兔胴体洗净，剔除兔的脊骨、胸骨和四肢骨，使之成为平面块，用小竹片撑开，以防重叠。

(2) 在兔全身擦盐，并存放一个晚上。

(3) 用清水将兔肉冲洗干净，将其余配料混合均匀，把兔肉浸入腌制。

(4) 腌制 40～50 分钟后取出，稍晾即为成品。

4. 产品特色　色泽鲜亮艳丽、咸淡适中，具有特殊的腊香味。

(五) 晋风腊兔

1. 原、辅料及配方　兔肉 150 千克，食盐 6 千克，酒 2 千克，生抽酱油 6 千克，糖 8 千克，五香粉 40 克，复合磷酸盐 200 克，亚硝酸钠 0.02 千克。

2. 工艺流程

兔胴体→清洗→整理→腌渍→烘烤→日晒→烘烤→包装→成品

3. 主要设备 腌渍池或缸、烘房。

4. 操作要点

(1) 选3～4月龄的健康肥兔剥皮、去内脏，洗净淤血，沥干后备用。

(2) 配方中的所有配料混匀，调成稀糊状，涂于兔体内、外，体内多涂，体外少涂。

(3) 全部涂抹后，整齐装叠入缸或池，腌制3～4天，每天翻池1～2次，并揉搓兔体，促进料液渗透。

(4) 用细麻绳均匀地从头颈缠到后腿，线绳呈螺旋状，缠丝间距1.5～2厘米。

(5) 缠好后吊在通风处稍风干后入烘房进行干燥，烘烤温度70℃，约2小时后出炉。

(6) 继续在通风处日晒约6小时后，再入烘房50℃烘烤5小时，烘烤过程中涂油4～5次。

5. 产品特色 晋风腊兔色泽红偏暗，从头到尾细麻绳处有清晰的红白螺纹。腊香可口，细嫩绵软，风味独特。

(六) 陕西油皮全兔

1. 原、辅料及配方 兔肉5千克，蜂蜜50克，醋25克，精盐75克，酱油250克，料酒75克，味精25克，淀粉50克，姜片75克，八角50克，葱200克，花椒水250克，麻油75克，菜子油2 500克。

2. 工艺流程

白条兔整理→清洗→涂蜜→油炸→蒸制→浇汁→淋油→包装→成品

3. 操作要点

(1) 选体质健康、膘肥体壮、臂圆腰宽的2～2.5千克的活兔1只，宰后把兔体放入65℃的热水中浸烫、煺毛。将煺过毛的兔体用清水冲洗，开膛后除去内脏，用清水洗净放入开水锅内氽5分钟，捞出沥干水分，待用。

(2) 把蜂蜜和醋调匀，均匀地涂抹在沥干水分的兔体上。

(3) 把菜籽油倒入锅中，待油烧至六成热时，把抹过蜂蜜的兔体放入油中，炸到呈金黄色、皮酥时捞出。

(4) 将炸好的兔体放入盆中，加入酱油125克、盐25克、料酒50克、水750克，放上葱段、姜片、八角，上笼蒸1～1.5小时，蒸至肉烂为宜。

(5) 把蒸好的兔取出放入盘中，拣去葱、姜、八角。将原汁汤倒入炒勺，加盐 50 克、料酒 25 克、酱油 75 克，烧开。用湿淀粉勾汁浇入盘中，淋上麻油即可。

4. 产品特色　兔体完整，外观完美，色泽金黄油亮，皮面有皱纹，肉酥烂，味浓香。

（七）彭山县胡子兔

1. 原、辅料及配方　兔肉 1 500 克，冰糖（研细）70 克，白糖 70 克，菜子油 4 千克，姜（拍碎）10 克，花椒 20 余粒，白酱油 250 克，料酒 50 克，水豆粉 10 克，熟芝麻 12 克。

2. 工艺流程

兔肉整理→切块→预煮→腌渍→油炸→烧卤→包装→成品

3. 操作要点

（1）将兔肉精修后，切成 3 厘米见方的肉块，入沸水锅中稍煮，捞起。

（2）料酒、酱油、花椒、姜拌匀后，将兔肉块浸入腌渍 1 小时左右。

（3）用旺火将油烧至七成热，加入腌好的兔肉块，待肉块呈金黄色时捞起。

（4）取少许菜油，烧热后加入白糖、冰糖，待糖溶化后用水豆粉拌匀成卤汁，倒入锅中，与兔肉炒匀，收干亮油时起锅。

4. 产品特色　色泽红亮，兔肉细嫩，咸、甜、麻、香、酥俱全，味长。

（八）洛阳卤兔

1. 原、辅料及配方　兔肉 50 千克，花椒 75 克，大茴香 50 克，白芷 50 克，草果 50 克，肉桂 50 克，小茴香 25 克，丁香 25 克，原汤、清水各适量。

2. 工艺流程

活兔宰杀→清洗→涂蜜→油炸→卤煮→包装→成品

3. 操作要点

（1）将活兔宰杀，去掉毛皮和内脏，洗净晾干。

（2）在兔肉表皮抹上蜂蜜，放入沸油锅里炸成柿红色即出锅。

（3）放入卤肉锅，加入原汤、清水和辅料，先用大火煮制 30 分钟，待闻到辅料味时，再改用小火煮制 2 小时，煮制熟透，即成卤兔。

4. 产品特色　外观呈柿红色，形如全兔蜷曲状，肉质鲜嫩，熟烂爽口，冷热可食，老少皆宜。

(九) 四川广汉卤兔

1. 原、辅料及配方　兔肉50千克，大盐3～3.5千克，白胡椒50克，大茴香100克，肉豆蔻25克，山柰50克，鲜姜100克。

2. 工艺流程

活兔宰杀→去皮及内脏→兔血涂抹→烘烤→煮制→晾干→包装→成品

3. 操作要点

(1) 选用当年健康活兔，宰后剥去兔皮，剖腹后留下兔肾，除去其余全部内脏。兔血用干净器具盛好，留用。

(2) 用兔血将兔全身涂遍，置玉米秸火焰上烘烤（50千克鲜兔坯约需玉米秸11千克）30分钟左右。

(3) 将配方中的调辅料加适量水熬煮成卤汤。

(4) 将兔肉放入卤汤中煮熟、煮透。

(5) 出锅后晾干水分即为成品。

4. 产品特色　广汉卤兔应有头无脚爪，带骨无皮，有肾，无其他内脏，颜色棕红，咸度适中，味香。

(十) 洛阳烤全兔

1. 原、辅料及配方　兔肉10千克，大茴香、白芷各10克，花椒15克，丁香5克，食盐200克，蜜汁适量。

2. 工艺流程

活兔宰杀→整理→清洗→卤煮→晾干→涂蜜→烤制→包装→成品

3. 操作要点

(1) 选用肥嫩健壮的活野兔，如无野兔，选用活家兔亦可。

(2) 活兔经击昏、宰杀、剥皮，去掉内脏，清洗干净，控去水分，晾干。

(3) 辅料放入老汤锅中煮沸，直至煮出料味，即成卤汁。

(4) 兔体浸入卤汁中，卤腌24小时以上，使料味浸透兔肉，最后将腌好的兔体捞出，晾干，整形。

(5) 将整好形的兔体表皮涂匀蜂蜜汁，然后再放入烤炉中烤制。烤制时间视兔肉老嫩而定，待烤制到黄中透红时即成。

4. 产品特点　造型独特，美观大方，色泽艳丽，黄中透红，皮脆肉嫩，清香鲜美，食感似鸡而胜于鸡。

（十一）大田烤兔

1. 原、辅材料及配方　鲜兔肉10千克，料酒300克，姜40克，葱40克，香油20克，食盐200克，味精10克，红曲适量。

2. 工艺流程

活兔屠宰→煮制→烘烤→真空包装→高压杀菌→外包装→成品质量检查→装箱入库

3. 主要设备　兔宰杀线，煮制提升锅或夹层锅，烤箱，高温杀菌、真空包装机，封口机。

4. 操作要点

（1）原料选择　待宰兔必须是来自非疫区的健康活兔，12小时停食宰杀。

（2）原料整理　宰杀后煺毛，开膛去内脏，修净体表及腹腔内表层脂肪、残余的内脏、腺体和结缔组织，用洗净、消毒的毛巾擦净或用自来水冲去肉体各部的血污和浮毛，然后将兔体放在案桌上，背朝上，头向前，以刀面用力拍打兔的背胸部，将肋骨压扁，用竹片撑开四肢并固定，使兔体呈扁长方形。

（3）煮制　在锅内加入适量生姜和食盐，将整形好的兔体放入沸水锅内，煮的过程中需翻转兔体，至煮熟、去腥为度。

（4）烘烤　将煮熟的兔体出锅置于食品盘内，待冷却后涂上一层红曲、茶油，放上葱、调味素等调料，使兔体呈鲜红色，用吊钩挂住兔右后腿，倒挂送入烤箱中，开炉烘烤，烤箱温度在120～180℃，烤30分钟，待表皮湿度在40%～42%时即可。

（5）整形包装　经烘烤后的兔体冷却后，去掉固定的竹片、吊钩，修剪兔爪，外露的牙齿、骨骼，在兔体表面涂上香油，使色泽更鲜艳，装入特制包装袋，用真空机封口，达到真空包装的效果。

（6）高压杀菌　将真空包装好的兔制品，装笼放入高压杀菌锅内，在温度121℃经40分钟高温、高压杀菌即可。

（7）成品　经高压杀菌冷却后称重，按特大、大、中、小不同规格分袋包装，包装袋应标明出厂日期、规格等。成品包装后，保质期可在90天以上。

（十二）甜皮兔

1. 原、辅料及配方　兔肉80千克，清水100千克，黄酒5千克，白糖4千克，食盐3千克，大茴香、肉桂、丁香、花椒适量。

2. 工艺流程

宰杀放血→烫毛、烜毛→开腔拉肠→配卤→卤制→挂糖→包装→成品

3. 操作要点

(1) 原料选择　选用3.5～4千克的膘肥体壮、丰满、背宽臀圆成年肉兔，须符合卫生检疫标准，无疾病的肉兔才能作为加工原料兔。

(2) 配卤　将配方中所有配料称好，旺火煮沸后改中、小火烧制1小时，待芳香味逸出后停止加热，即为新卤，已卤制多次以上的卤汁称为老卤。

(3) 卤制　将新卤或老卤用急火煮沸，再把晾干的兔坯卧放入卤锅内，卤汁以淹没兔坯为适量，用大火煮沸后，除去汤面污物，再用微火续煮煨制，直烧至原料兔坯断生、肌肉松疏、无淤血残存，捞出即为半成品。

(4) 挂糖　待半成品晾干后用焦糖稀刷涂表面，然后再撒上少许熟芝麻等香料，即为甜皮兔成品。涂糖稀是甜皮兔呈现悦目的外观和独特风味的重要一环。若糖稀涂刷过多，甜味过度，则影响香料成分的呈现；若糖稀过淡，则影响外观色泽。通常按糖：水为1∶4的稠度刷涂1～2次即可。

4. 成品特色　甜皮兔外观枣红油润，肉质细嫩，口感蜜爽，多汁化渣。

第四节　西式兔肉制品加工技术

一、西式肉制品的一般特点

按照历史渊源可将肉制品分成两大类：一类是中式肉制品，即中国传统风味肉制品，如中式香肠、干腌火腿、腊兔肉、缠丝兔肉、熏兔、红烧兔肉、烤兔腿等；另一类是西式肉制品，即起源于欧洲的欧式肉制品，如西式香肠、西式火腿、调理肉制品等，因其在北美、日本及其他西方国家也广为流行，故被称作为西式肉制品。欧洲和中国制造的香肠和火腿名称相同，但他们的加工技术和风味迥然不同。香肠，中国传统上称之为腊肠，是将小块肉充填于肠衣中，而西式肠是将肉绞碎或斩拌乳化成肉糜充填。在添加剂和调味料方面，中式香肠使用盐、酱油、糖、料酒，而西式肠主要用盐、胡椒、肉豆蔻，部分品种还使用大蒜，有明显蒜味。中式香肠有盐、糖、酒的风味，而西式香肠有辣味。中式肠水分活性低、贮藏性好，而西式香肠出品率高、生产周期短、嫩度好、风味可口。

萨拉米肠和其他发酵的干、半干香肠为欧洲人所喜欢，也是以低水分、较长加工时间及良好的货架期为特点，成品可即食。但产品具有有别于中式香肠的特殊的微酸风味。

中式火腿生产以整条带皮腿为原料，经腌制、水洗和干燥等工艺，且长时间发酵制成，加工周期半年以上。中式火腿成品水分低，肉呈紫红色，具有特殊的腌腊香味，食用时需热处理。西式火腿大都以瘦肉、无皮、无骨和无结缔组织肉腌制后充填到模型或肠衣内进行煮制和烟熏，形成即食火腿，加工过程只需 2 天，成品水分含量高，嫩度好。中式火腿和西式火腿加工不仅在原料、形态和风味上，而且在加工技术方面也有较大差异。西式肉制品在制作中胡椒是最基本的调味料，它具有清除异味，赋香、辛味和着色，抑制微生物生长和繁殖的作用，而且还具有一定的药疗作用，因而在欧洲备受欢迎。在 15—16 世纪，欧洲的胡椒需求量年达 1 680～1 800 吨，充分显示了在那个时代已具有相当大的肉类制品生产能力。现在胡椒仍是西方最受欢迎的香辛料，美国平均每人、每年消耗 0.11 千克，其次是印度、德国和法国。

二、西式香肠制品

（一）兔肉生鲜肠

此类制品目前在我国市场未曾见到，本书提供的生产工艺及参数仅供参考。生鲜兔肉肠可混合其他肉类一起加工，以增强产品风味。生鲜肠水分含量较高，组织柔软，在非冷冻条件下，不能长期贮存。

1. 原、辅料及配方　猪肉 20 千克，兔肉 60 千克，牛肉 20 千克，砂糖 0.4 千克，胡椒粉 0.4 千克，料酒 1 千克，肉豆蔻粉 0.1 千克，食盐 2 千克，鼠尾草 0.05 千克，丁香 0.05 千克，冰水 10 千克。

2. 工艺流程

原料选择→整理→绞肉→加调料斩拌→灌制→冷却冷藏

3. 主要设备　绞肉机、切丁机、灌肠机、斩拌机。

4. 操作要点

（1）原料选择　原料选用检疫合格的新鲜兔肉、牛肉、猪肉为原料，猪肉含脂率为 15%～20%。

（2）整理、绞肉　将各原料肉修整后，投入绞肉机绞细，一般猪肉使用 6 毫米孔径绞碎，牛肉使用 4 毫米孔径绞碎，兔肉使用 6 毫米孔径绞碎。

（3）斩拌　将绞好的肉馅和调味香料混合后加 10%冰屑，在斩拌机内斩拌，时间不宜过长，以 5 分钟以内为宜。

（4）灌制　由灌肠机灌入不同口径的肠衣内，约 15 厘米结扎一段。灌制肠衣的口径和长度可根据消费者的爱好而有所变化。

(5) 冷却冷藏 灌制好的兔肉生鲜香肠，在0℃冷水中淋洗，冲去表面的肉屑和脂肪，在1～2℃条件下干燥，用玻璃纸包装，平顺地分层装入纸板箱内，放入冷藏，冷藏温度可根据产品保藏时间而定，一般冷却温度为0～5℃，冷冻温度为－18℃。

(6) 食用方法 食用该产品前化冻，水煮或蒸煮后即可食用。

(二) 兔肉发酵肠

1. 发酵香肠种类及特点

(1) 种类

①按地名分 这是一种传统分类方法，如黎巴嫩大香肠、塞尔维拉特香肠、萨拉米香肠等。

②按脱水程度分 根据脱水程度可分成半干发酵香肠和干发酵香肠。

③按发酵程度分 可以分为低酸发酵肠和高酸发酵肠。分类依据是成品的pH，发酵程度决定成品的品质，所以这种分类方法是比较适宜的。

低酸发酵肠传统上认为pH≥5.5的肠为低酸发酵肠。欧洲国家制作发酵肠有悠久的历史，传统的发酵肠通常是通过发酵之后再低温干燥，著名的产品有法国、意大利、南斯拉夫、匈牙利的萨拉米香肠。这类低酸发酵肠的主要特点是不添加碳水化合物，在较低温度条件下长时间发酵，并逐渐脱水。一般在18～20℃条件下发酵，脱水量达50%。pH最终达到5.5～5.8。低温（最低达10℃）和低水分活度可以阻止大肠杆菌和沙门氏杆菌的繁殖。

高酸发酵肠不同于传统的低酸发酵肠，绝大多数高酸发酵肠是用发酵剂接种或用发酵香肠的成品接种而制成的，菌种可以利用肠中的碳水化合物分解产酸。这类发酵肠的特点是有较低的pH（5.4以下），失水率在15%～20%。由于pH接近肠内肌肉蛋白质的等电点，因此使肌肉蛋白质凝胶化，抑制大多数不良微生物。同时，发酵剂菌种中有些具有分解脂肪的能力，使肠内产生部分脂肪酸，改善了成品的风味。

(2) 特点 与非发酵香肠相比较，发酵香肠的特点有以下几点：

①微生物安全性 一般认为发酵肉制品是安全的，因低水分活度和低pH抑制了肉中病原微生物的增殖，延长了产品的稳定期。在发酵和贮藏期间，成品中的有害菌会因酸性环境而死亡。近年来美国开发了较好的发酵香肠加工技术，特别注重了质量控制，使金黄色葡萄球菌严格控制在公共健康的水平以下。

②营养特性 由于致癌物质如亚硝基化合物、多环芳烃以及热解物质、脂

肪等的存在，使人们对肉制品的消费日渐增加不安心理。因此，具有抗癌作用的肉制品将会具有广阔的前景。摄食乳酸杆菌和含活乳酸菌的食品会使乳酸菌在肠道中定殖，乳酸杆菌能降低致癌物质前体，因而可防止致癌物污染的危害。

另外，发酵过程中肌肉蛋白质被分解成肽和游离氨基酸，故消化率增加。

2. 原、辅材料及配方　兔肉、猪肉和牛肉（脂肪约占30%）100千克，葡萄糖2千克，食盐3千克，蔗糖2千克，硝酸钠16克，亚硝酸钠8克，黑胡椒（粗粉碎）373克，芥末种子（整粒）63克，肉豆蔻（粉碎）31克，香菜（粉碎）125克，香辣粉31克，鲜蒜120克（可适量少放），片球菌发酵增养剂3%～5%。

3. 工艺流程

原料肉选择→整理→绞肉→配料→灌装→发酵→干燥→烟熏→成品

4. 操作要点

（1）原料肉选择和整理　选择新鲜兔肉、猪肉、牛肉，肉的嫩度和保水性越高，对乳酸菌的生长越有利。瘦肉所占比例越大，水分含量则越高，pH下降就越快。冻干肉由于干耗和解冻时的汁液流失，减少了水分含量，延缓了初始的发酵速度。新鲜肉无微生物和化学污染，且修去筋、腱、血块、腺体，是理想的原料肉。当原料肉污染了大量微生物后，会在其后的发酵时间产生杂菌和导致酵母增殖。这些杂菌产生和分解蛋白，使制品产生异味，并使肠的质地松散。原料内，特别是冻肉处理不当，在干燥阶段则发生氧化酸败。原料肉中的血块、腺体也是腐败或致病菌的主要来源。

（2）绞肉　一般在采用鲜肉为原料时，可在绞肉之前先将肉冷却至−4.4～−2.2℃，但也可直接将肉绞碎。绞肉时，一般牛肉用3.2毫米孔板，兔肉和猪肉用9～25毫米孔板。

（3）配料　将绞碎的肉与食盐、调味料、葡萄糖、腌制剂安全混合、搅拌，再添加发酵剂培养物，搅拌5分钟，这些混合物再通过3～4毫米孔板绞肉机绞细。除原料肉外，各种辅料配合应用，对发酵肠的质量都有一定的影响，在配料时要给予充分的注意。

食盐含量会影响发酵香肠质量，一般用量为2.0%～3.5%。虽然起发酵作用的乳酸菌是耐盐菌，但含盐量会影响乳酸菌的功能，2%食盐水平是达到理想结着力的最低要求，3%食盐浓度对发酵速度没有多大影响，但超过3%就会延长发酵时间。

各种碳水化合物如葡萄糖、蔗糖、玉米糖浆，能影响成品的风味、组织和产品特性，同时也为乳酸菌提供了必需的发酵基质。糖的数量和类型直接影响产品的最终 pH。单糖如葡萄糖易被各种乳酸菌利用。当初始 pH 为 6.0 时，应添加 1%葡萄糖使 pH 降低到足够水平。通常香肠馅中至少含有 0.75%的葡萄糖。如碳水化合物超过 20%，与之结合的水亦过多，则发酵速度变慢。

配料中某些天然香料通过刺激细菌产酸直接影响发酵速度。这种刺激作用一般不伴有细菌的增加。黑胡椒、白胡椒、芥末、大蒜粉、香辣粉、肉豆蔻、肉豆蔻种衣、姜、肉桂、红辣椒等都能在一定程度上刺激产酸。一般对乳酸杆菌的刺激作用比片球菌强。几种香料混合使用的发酵时间，比用单种香料的发酵时间短。近年来确认锰是香料促使产酸的主要因素。某些天然香料，特别是胡椒的提取物对细菌具有抑制作用。肠馅中添加香辛料挥发油能够抑制细菌的生长。

另外，液体熏制和抗氧化剂降低了发酵速度。磷酸盐根据其类型的数量起缓冲作用，增加了初始 pH 并延缓了 pH 降低之前的时间。奶粉、大豆蛋白和其他干粉能结合水，从而延长了发酵时间，含亚硝酸钠的香肠比不含亚硝酸钠的香肠发酵慢。但发酵程度的差别主要取决于特异的发酵菌株。

在配料中发酵剂的应用方法，对发酵香肠质量起着关键作用。传统的发酵肠加工依赖环境中微生物偶然的接种机会获得，即所谓的自然接种法。为了保持品质稳定，也有采用所谓“后接种”的方法，即把每一批香肠在发酵阶段后，加热和干燥之前保存一部分用做下一批生产的菌种。但这种方法易引起有害菌的污染，影响产品质量，这促使人们开始了纯微生物发酵剂的研究和应用。

纯微生物发酵剂常用的菌种有片球菌、乳杆菌、微球菌及霉菌和酵母菌。纯培养物发酵剂一般是在配料阶段加入，但要注意不能将活微生物培养物与腌制成分如食盐、亚硝酸盐直接接触，否则会降低其活性。在国外，大多数培养物以浓缩形式出售，用水稀释后则能使其很好地分布在配料中。

(4) 灌装　根据产品的具体要求和工艺需要，将混合搅拌好的肠馅填充到纤维素肠衣或猪小肠、羊小肠等肠衣内。

(5) 发酵　灌装后，干发酵香肠和半干发酵香肠吊挂在成熟间内开始发酵。传统加工方法时发酵温度为 15.6～23.5℃，相对湿度 80%～90%。发酵温度和湿度影响发酵速度和产品的最终 pH。发酵剂中的乳杆菌和片球菌的最佳生长温度为 32～37℃。采用现代化加工方法时，发酵温度为 21.1～37.8℃；相对湿度 80%～90%。一般可在 12～24 小时内能使肉 pH 降到 4.8～4.9，此时已发酵充分。

肠衣直径也影响发酵时间和最终 pH，大直径的香肠一般比小直径的香肠 pH 低。尽管大直径香肠热渗慢，初始发酵较慢，但随后的热处理或干燥发酵终止也较慢。

(6) 干燥 发酵后干香肠和半干香肠可直接放在干燥室内干燥。干燥室内温度为 10.0～21.1℃，相对湿度为 65%～75%。发酵香肠水分的控制取决于肉粒大小、肠衣直径、干空气流速、湿度、pH 和蛋白质的溶解度。为达到理想的产品特性，必须控制水分的蒸发速度。香肠表面的水分损失速度最好应等于内部水分迁移到表面的速度。干燥室应采用较低的空气流速（0.05～0.1 米/秒），每天干耗不应超过 0.7%。干香肠重为原料肉的 50%～70%，即干耗 30%～50%。

(7) 烟熏 典型的香肠熏制温度为 32.2～43℃。在现代加工工艺中，将烟熏液添加到配料中，以避免自然熏制带来的问题。

(三) 兔肉乳化香肠

乳化肠是在香肠加工过程中通过物理和化学方法，将肠馅中脂肪与蛋白质成分乳化，以提高肉对脂肪的吸附力和对水的保持力，并配合其他加工工艺制成的一种品味鲜嫩、脂肪含量较高的大众化香肠制品。

在加工过程中，乳化工艺可以防止脂肪在制品中分离，改善产品的组织状态和品质。香肠馅中肉的乳化，是由脂肪粒子和蛋白质组成分散体系，其中脂肪是分散相，可溶性蛋白质、细胞分子、各种调味料组成连续相。

乳化香肠制品能够实现高度机械化和自动化生产，目前此制品在我国已有较快的发展。

1. 原、辅料及配方

配方一 兔肉 75 千克，肥膘肉 19 千克，干淀粉 6 千克，精盐 3 千克，味精 27 克，大蒜 0.8 千克，胡椒粉 72 克，硝酸钠 25 克。

配方二 兔肉 83 千克，肥肉 17 千克，盐 2.2 千克，葡萄糖 350 克，姜 30 克，肉豆蔻 31 克，红辣椒 30 克，白胡椒 150 克，百里香 30 克。

配方三 鲜兔肉 75 千克，猪肥膘肉 25 千克，大豆分离蛋白粉 10 千克，淀粉 3 千克，白糖 3 千克，松子仁 4.5 千克，精盐 3 千克，香型酒 2 千克 (50 度)，味精 0.3 千克，姜粉 0.4 千克，白胡椒粉 0.3 千克，肉豆蔻 0.1 千克，洋葱 0.2 千克，肉桂 0.15 千克，香菜 0.1 千克，丁香 0.05 千克，冷水适量。

2. 工艺流程

选料分割→腌制→斩拌→拌馅→充填→烘烤→煮制→烟熏

3. 主要设备 斩拌机、切丁机、搅拌机、灌肠机、烟熏炉、绞肉机。

4. 操作要点

（1）腌制 将肥、瘦肉分别按以上配比进行腌制，置于10℃以下冷库腌制3天左右，肉块切面变成鲜红色且较坚实、有弹性时腌制结束。

（2）斩拌、拌馅 腌制后的肉块，需要用绞肉机绞碎，一般用2～3毫米孔径的绞肉机绞碎。把原料粉碎成浆状，使成品具有鲜嫩细腻特点，斩拌时常先将瘦肉和部分肥肉剁碎至糊状。根据原料干、湿度和肉馅黏性添加适量水，一般每100千克原料加水30～40千克，根据配料加入香料，淀粉须用清水调和除去杂质后加入，最后将剩余肥膘丁加入，斩拌时间一般为5分钟。为了避免温度升高，斩拌时向肉中加7%～10%的冰屑。

（3）充填 将配制好的肉馅倒入灌肠机内，每12～15厘米打一结，并用细针在肠体上均匀刺孔，以便于水分和空气排出。

（4）烘烤 为使肠膜干燥、易着色及对肠杀菌，延长保存时间，一般均要进行烘烤。65～70℃烘烤40分钟，表面干燥透明，肠馅显露淡红色即可。

（5）煮制 每50千克样品需用水量约150千克，先使锅内水温达到90～95℃，放入色素搅拌均匀，随即将灌制的半成品放入，然后保持水温80～83℃，肠中心部温度达到72℃，恒温35～40分钟后出锅，用手掐肠体感到挺硬、有弹性。

（6）烟熏 采用烟熏工序可增强保藏性和特有的熏烟味，烟熏温度48～50℃、6～8小时，使水分干燥到50%以下，样品表面光滑有细纹即为烟熏后成品，出熏房自然冷却，擦去烟尘即可食用。

（7）保藏 一般在15℃库房可保存，15～20天，－10℃冷库中可保存半年。

5. 乳化香肠的保存期 在无包装情况下，乳化香肠可在2～4℃冷柜中保存2～3天。3天以后乳化香肠外观出现皱折，不美观。这主要是乳化香肠内水分的蒸发引起的。3天以后的乳化香肠重量损失每天约1%。经真空包装的乳化香肠，在2～4℃的冷柜中，保存期为10天，最多贮存15天。

（四）兔肉粉肠

1. 原、辅料及配方 兔肉4千克，猪肥膘肉1千克，淀粉2.5千克，食盐150克，酱油500克，香油、大葱、鲜姜各250克，八角150克，红曲米粉

50 克，清水 5 千克，猪肠衣适量。

2. 工艺流程

原料整理→绞肉→搅拌→灌制→煮制→熏烟→成品

3. 主要设备　绞肉机、搅拌机、灌肠机、烟熏炉。

4. 操作要点

（1）*原料选择和整理*　选用鲜兔肉和新鲜猪肉，将兔肉绞成 1 厘米见方肉块，猪肥膘肉切成 1 厘米方丁肉，大葱和鲜姜剁成细末。

（2）*搅拌、拌馅*　把两种肉丁放在一起加入全部辅料混拌均匀。

（3）*灌制*　用猪小肠衣或中、小肠衣，形状为环形，每根长度 48～50 厘米，直径 3～4 厘米。肠衣必须气味正常，有拉力，不带油和杂物，否则会影响质量。精选后的猪小肠衣或中、小肠衣，洗去盐和杂质，经过揉搓，泡在清水盆中，把馅装入机内，进行灌制。

（4）*煮制*　煮制前锅内放入锅容量 80%左右的水，开放汽阀，把水加温到 100℃。将粉肠放入锅内，保持水温 96℃，最低水温 90℃，煮制 40 分钟。煮沸到粉肠漂浮水面，煮锅上部应用特制铁箅子将产品压到水面下。煮制最好有专人负责，兔肉粉肠下锅重量和时间要有记录，以利于掌握温度和时间。

（5）*挂晾*　灌肠出锅后，及时穿在杆上，每串 18 根，肠口向上，悬挂均匀，每根肠之间要有距离，待肠体稍凉后进行熏制。

（6）*熏烟*　熏烟使灌制品水分下降，肠衣表面产生光泽，增加美观，获得熏制香味并提高制品的防腐能力。熏烟的方法是将煮制后的灌制品用专炉烟熏，不得用烤炉。把刨花放在熏炉地面上摊平，上面撒一层锯末，用火点着后将炉门关闭，使其焖烧生烟。熏制 40～60 分钟，熏烤温度 80℃左右。待灌肠熏好后，送往成品库存放。肠子表面干燥，无流油现象，无斑点。

（五）兔肉生煎肠

1. 原、辅料及配方　兔里脊肉 200 千克，兔腹肉 350 千克，猪五花肉 150 千克，片冰 200 千克，改性玉米淀粉 5 千克，斩拌助剂（磷酸盐）220 克，食盐 1.6 千克，鸡肉粉 220 克，白胡椒粉 80 克，味精 170 克，白糖 800 克，大豆蛋白 1.5 千克，红曲米粉 120 克，肉豆蔻粉 0.5 千克，大蒜粉 110 克，猪肠衣（或羊肠衣）适量。

2. 工艺流程

绞肉→斩拌→灌装→包装→速冻→装箱→冷藏

3. 主要设备 绞肉机、斩拌机、灌肠机等设备。

4. 操作要点

(1) 绞肉 兔腹肉和猪五花肉用3毫米孔板的绞肉机绞碎，并放入斩拌机中，兔里脊肉用5毫米孔板绞肉机绞碎，备用。

(2) 斩拌 斩拌时温度不能太高，肉温控制在10℃以下。

(3) 灌装 将斩好的馅料取出，放入灌肠机，用直径26/28的猪肠衣灌装(也可选28/30的)，也可用16/18的羊肠衣来灌装，将灌好的香肠保持在长5厘米重30克左右。

(4) 包装、速冻 包装好的生鲜肠放入－35℃以下冷库速冻至中心温度－18℃以下。

(5) 装箱、贮藏 速冻好的产品放入－18℃冷藏库进行贮藏，若一直处于不间断冷藏状态，可保存6个月。

(六) 高档兔肉烤肠

1. 原、辅料及配方 兔肉80千克，马铃薯淀粉8千克，食盐1.8千克，磷酸盐0.4千克，味精0.3千克，亚硝酸钠0.008千克，白胡椒粉0.161千克，花椒粉0.1千克，大料粉0.08千克，白砂糖4.5千克，鸡肉粉0.18千克，酵母提取物0.2千克，红曲红色素0.022千克，亚麻子胶0.15千克，冰水50千克。

2. 工艺流程

原料肉处理→滚揉→灌制→烘烤→蒸煮→熏制→冷却→包装杀菌

3. 主要设备 绞肉机、滚揉机、烘箱、灌肠机等。

4. 操作要点

(1) 原料肉处理 选取检验合格的去骨肉，去除其中的碎骨、淋巴、污物等杂物，分别用6毫米孔板绞肉机绞制。

(2) 滚揉 将肉放入滚揉机，将磷酸盐、食盐等调味料与40千克冰水混合均匀投入滚揉罐中，真空度－0.08兆帕，连续滚1.2小时，再加入磷酸盐、食盐、淀粉浆（8千克淀粉用10千克水稀释），－0.08兆帕真空滚揉0.5小时出料。

(3) 灌制 将馅料灌入9路猪肠衣内，扭结、穿杆、挂架。

(4) 烘烤 土炉烘烤，烘烤温度控制在78℃，时间约40分钟。

(5) 蒸煮 温度控制在83℃，蒸煮时间45分钟。

(6) 熏制 采用土炉、硬杂木烘烤，烘烤温度控制在78℃，时间约60分钟，然后压实锯末，关炉门熏制5小时。

(7) 冷却 冷却至18℃以下。

(8) 包装杀菌 包装后用90℃水杀菌20分钟，立即用冷水冷却至18℃以下。

(9) 装箱入库 将冷却完全的产品送入4℃冷藏库进行冷藏。

(七) 兔肉玉米热狗肠

1. 原、辅料及配方 兔去骨肉65千克，肥膘30千克，甜玉米粒32.5千克，热乳化蛋白25千克，碎膘12.25千克，复合香辛料1.125千克，食盐2千克，亚硝酸钠0.015千克，硝酸钠0.06千克，复合腌制料6.6千克，白糖8.5千克，山梨酸钾0.09千克，甜玉米香精0.5千克，木薯变性淀粉10千克，饴糖4.8千克，乳酸钠2.7千克，大豆分离蛋白（GR型）3.5千克，分离蛋白4.25千克，亚麻子胶0.4千克，冰水55千克。

2. 工艺流程

原料肉处理→斩拌→灌制→烘烤→蒸煮→糖熏→冷却→包装杀菌→装箱入库

3. 主要设备 绞肉机、滚揉机、灌肠机、蒸煮锅、烟熏炉等器具。

4. 操作要点

(1) 原料肉处理 选取检验合格的兔去骨肉、鸡皮，去除其中的碎骨、污物等杂物，分别用6毫米孔板绞肉机绞制。

(2) 斩拌 先将鸡皮、脂肪投入斩拌机高速斩拌1.5分钟，无可见颗粒后，加入蛋白、亚麻子胶、冰水投入斩拌机斩拌约4.5分钟（注：期间冰水陆续加入）。待乳化物整体细腻光亮、有弹性时，加入兔去骨肉、盐等辅料及冰水，斩拌约3分钟，馅料更加细腻黏稠、有弹性时，加入淀粉、香粉及冰水，斩拌均匀，加入甜玉米粒拌匀，出馅温度控制在10～12℃。

(3) 灌制 将馅料灌入胶原蛋白肠衣内，扭结、穿杆、挂架。

(4) 烘烤 烘烤温度控制在78℃，时间约35分钟。

(5) 蒸煮 温度控制在81℃，蒸煮时间30分钟。

(6) 糖熏 温度控制在95℃，时间20分钟。

(7) 冷却 冷却至18℃以下。

(8) 包装杀菌 包装后用90℃水杀菌20分钟，立即用冷水冷却至18℃以下。

(9) 装箱入库 将冷却完全的产品送入4℃冷藏库进行冷藏。

三、西式火腿制品

西式火腿又称盐水火腿，过去一般由猪肉加工而成。但在加工过程中因原料肉的选择、处理、腌制及成品包装形式的不同，西式火腿的种类很多。根据兔肉加工后重组成型与否，可将兔肉西式火腿分为重组成型火腿和非成型火腿。兔肉结着力非常强，适合做成型火腿，如重组成型方火腿、各种重组成型圆火腿。剔骨后的兔腿肉一般肉块体积小，适合做非成型火腿，如西式熏烤兔肉。

（一）重组成型火腿加工技术

1. 重组成型火腿的加工原理与工艺　重组成型火腿是目前国内外肉制品中发展最为迅速的肉制品，种类繁多，但其加工原理相同，且加工工艺也基本一致。在同一工艺条件下，各种成型火腿之间的质量差异主要表现在所用原料的部位、等级、肥瘦肉比例、非肉组分比例、出品率等方面。

（1）加工原理　重组成型火腿是以兔瘦肉为主要原料，经腌制提取盐溶性蛋白，经（或不经）机械嫩化、滚揉以改变肌肉组织结构，装模或肠衣成型后蒸煮而成。重组成型火腿的最大特点是良好的成形性、切片性，适宜的弹性，鲜嫩的口感和较高的出品率。

经过腌制、滚揉等工序尽可能多地溶出肌肉组织中的盐溶性蛋白，同时加入的适量添加剂如卡拉胶、非肉蛋白、淀粉及改性淀粉等可使肉块、肉粒或肉糜加工后具有较大的结着力，使黏结为一体。经加热形成凝胶后则将肉块、肉粒紧紧黏在一起，并使产品富有弹性和良好的切片性。原料肉经具有压割撕拉等机械作用的嫩化处理及具有摔打碰撞作用的滚揉过程后，使肌束和肌纤维间变得疏松，再加之选料的精良和良好的保水性，保证了重组成型火腿的鲜嫩特点。成型火腿的盐水注射量可达20%～60%。肌肉中盐溶性蛋白的溶出、复合磷酸盐和增稠剂的添加以及肌纤维间的疏松状都有利于提高成型火腿的保水性，因而提高了出品率。

（2）工艺步骤

原料肉预处理→盐水注射（或切块→湿腌）→嫩化、滚揉→切块→添加辅料→二次滚揉→充填→蒸煮→烟熏（或不烟熏）→冷却→贴标→冷藏

（3）工艺条件

①原料肉处理　最好选用结缔组织和脂肪组织少而结着力强的腿肉，但在

实际生产中也常用背腰部肉。所有的原料肉必须新鲜，否则结着力下降，影响成品质量。原料处理过程中环境温度不应超过 10℃。原料肉经剔骨、去脂肪，还要去除筋腱、肌膜等结缔组织。采用湿腌法腌制时，需将肉块切成 2～4 厘米（20～60 克）的方块，必要时可加 10％左右的猪脂肪。

②盐水注射（或切块→湿腌）　肉块较小时，一般采用湿腌的方法，肉块较大时可采用盐水注射法。盐水注射量一般控制在 20％～25％，注射应在 8～10℃的冷库内进行，腌渍 16～24 小时。

腌制液中的主要成分为水、食盐、硝酸盐、亚硝酸盐、复合磷酸盐、异抗坏血酸钠、非肉蛋白、卡拉胶、淀粉等。盐水要求在注射前 24 小时配制，以便于充分溶解。盐水配制时各成分的加入顺序非常重要。首先将复合磷酸盐、非肉蛋白、卡拉胶等粉类料分别完全溶解后，混合，再加入食盐、硝酸盐，搅溶后再加香料、糖、异抗坏血酸钠等。若要加蛋白质，应在注射前 1 小时加入。配制好的盐水应保存在 7℃以下的冷却间，以防温度上升。国外各种成分在最终产品中的含量一般在下列范围内：盐 2.0％～2.5％；糖 1.0％～2.0％；复合磷酸盐不超过 0.4％。盐水注射量一般用百分比表示。例如：20％的注射量则表示每 100 千克原料肉需注射盐水 20 千克。当各种成分在最终产品中的含量和腌制液注射量被确定后，各种成分在腌制液中的含量可由以下经验公式计算：

$$X=(P+100)\times Y/P$$

式中　X——该成分在腌制液中的含量（％）；

P——腌制液注射量（％）；

Y——该成分在最终产品中的含量（％）。

例如：某产品中各种成分的含量为：盐 2.0％、糖 2.0％、复合磷酸盆 0.4％、亚硝酸钠 0.015％、异抗坏血酸钠 0.05％。注射量 20％，则腌制液中各成分的含量分别为：

盐＝（20＋100）×2.0％/20＝12.0％

糖＝（20＋100）×2.0％/20＝12.0％

复合磷酸盐＝（20＋100）×0.4％/20＝2.4％

亚硝酸钠＝（20＋100）×0.015％/20＝0.09％

异抗坏血酸钠＝（20＋100）×0.05％/20＝0.30％

各种成分在腌制液中的总量约为 27％，则水量为 73％。也就是说，若需 100 千克腌制液，则需水 73 千克、盐 12 千克、糖 12 千克、复合磷酸盐 2.4 千克、亚硝酸钠 0.09 千克、异抗坏血酸钠 0.3 千克。在注射量较低时

(<25%)，一般不需加可溶性非肉蛋白质。当盐水注射量超出 25%，仅靠原料肉本身蛋白已无法获得良好的保水性，而添加非肉蛋白质能改善保水性。最常用的非肉蛋白质是大豆蛋白。现在用得比较多的是大豆浓缩蛋白和大豆分离蛋白。浓缩大豆蛋白中蛋白质含量超过 70%，而大豆分离蛋白粉中蛋白质含量超过 90%。浓缩大豆蛋白粉溶解性较差，且随浓度的增加，盐水黏度明显增加，使盐水成分在肉块中的均匀分布受到影响，因而在肉制品中使用有限。大豆分离蛋白中大豆球蛋白占 90%以上。因此，在瘦肉少、缺少肌肉蛋白的配方中，大豆分离蛋白添加显得非常必要。据报道，使用 2%大豆分离蛋白具有 10%瘦肉的保水功能。大豆分离蛋白的添加量应控制在 10%以内，最好在 5%左右。

③嫩化　嫩化是利用嫩化机在肉的表面切开许多 15 毫米左右深的刀痕，破坏筋腱和结缔组织，防止蒸煮时因肌纤维收缩而降低出品率。同时增加肉的表面积，使蛋白质释放出来，增加成品的结着力及弹性，提高产品外观质量。有些注射机本身带有嫩化装置。只有注射过的大块肉才要嫩化，而湿腌的小肉块则无需嫩化。嫩化的作用主要表现在以下两个方面：

a. 破坏肌束、筋腱结构的完整性　骨骼肌中的结缔组织在蒸煮过程中强烈收缩，使肉块中汁液被挤压流出，造成大量有机质以及营养、风味物质的损失，降低了产品的嫩度、风味和成品率。由于嫩化在一定程度上切断了肌束及肌膜，使其在蒸煮时不能形成有效收缩，避免或减少因收缩而造成的不良影响。

b. 增加肉块的表面积，促进腌制剂发挥作用　一般腌制剂在肉块中的渗透速率约为 10 毫米/24 小时。西式火腿生产工艺要求在 18～24 小时内完成腌制。嫩化使肉块表面积相对增大，从而减少了由于盐水注射不匀而造成的差异，使腌制剂充分发挥作用。目前常用的嫩化设备是滚刀式嫩化机。该类设备是由两根对滚的刀轴和一条输送带组成。两根轴上带有刀片，而刀片相互错开。当肉块通过刀轴时被切割，但切割后的肉块仍连在一起，而切割的深度可调。由于肉块大小不同，利用嫩化机进行嫩化时不宜将肉块同时放入，须将肉块按大小分开，以保证每块肉都能被切割。切割深度至少要 15 毫米以上。在嫩化时，肉块上的压力不宜过大，以免肌肉组织被严重破坏。

④滚揉　为了加速腌制、改善肉制品的质量，原料肉与腌制液混合后或经盐水注射后，就进入滚揉机。滚揉的目的是通过翻动碰撞使肌肉纤维变得疏松，加速盐水的扩散和均匀分布，缩短腌制时间。同时，通过滚揉促使肉中的

盐溶性蛋白的提取，改进成品的黏着性和组织状况。另外，滚揉能使肉块表面破裂，增强肉的吸水能力，提高产品的嫩度和多汁性。

滚揉机装入量约为容器的60%。滚揉程序包括滚揉和间歇两个过程。间歇可减少机械对肉组织的损伤，使产品保持良好的外观和口感。一般盐水注射量在25%的情况下，需要一个16小时的滚揉程序。每小时滚揉20分钟，间歇40分钟，也就是说在16小时内，滚揉时间为5小时左右。在实际生产中，滚揉程序随盐水注射量的增加而适当调整。在滚揉时应将环境温度控制在6~8℃。为了增加风味，需加入适量调味料及香辛料。

在滚揉过程中可以添加适量淀粉。一般加3%~5%玉米淀粉。因马铃薯淀粉易发酵，一般不宜使用。腌制、滚揉结束后原料肉要色泽鲜艳，肉块发黏。如生产肉粒或肉糜火腿，腌制、滚揉结束后需进行绞碎或斩拌。

⑤充填 将腌制好的原料肉通过充填机压入动物肠衣，或不同规格的胶质肠衣、纤维素肠衣或塑料肠衣中，用U形铁丝和线绳结扎后即成圆火腿。有时将灌装后的圆火腿装入不锈钢模或铝盒内挤压成方火腿。有时将原料肉直接装入有垫膜的金属模中挤压成筒装方火腿，或是直接用装听机将已称重并搭配好的肉块装入听内，再经压模机压紧，用真空封口机封口制成听装火腿。

⑥蒸煮 常压蒸煮时一般用水浴槽低温杀菌。水温75~80℃，使火腿中心温度达到65℃并保持30分钟即可，需要2~5小时。一般1千克火腿水煮1.5~2.0小时，大火腿煮5~6小时。三用炉是目前国内、外多用的集烤、熏、煮为一体的先进设备，其烤、熏、煮工艺参数均可程控，在中心控制器上随时显示出炉温和火腿中心温度。

蒸煮的温度并不是一成不变的，且各国要求有所不同。如荷兰要求水温72℃，中心温度68~69℃；美国要求水温77℃，中心温度72℃。我国目前火腿蒸煮温度普遍较高。

⑦烟熏 只有用动物肠衣或纤维素肠衣灌装的火腿才经烟熏。在烟熏室或三用炉内50℃熏30~60分钟。

塑料肠衣包装形式的成型火腿若需烟熏味时，可在混入香辛料时加烟熏液。

⑧冷却 烟熏结束后最好迅速使中心温度降至40℃以下，再用冷风机使中心温度降至室温。

⑨贴标冷藏 贴标后，置0~4℃冷库使火腿中心温度降至4℃左右冷藏。

2. 几种兔肉重组成型火腿的加工

(1) 方火腿　成品呈长方形，故称方火腿，有筒装和听装两种。

①工艺流程

原料选择→去骨、修整→盐水注射→腌制滚揉→充填成型→蒸煮→冷却→包装→贮藏

②操作要点

a. 原料　选用兔前、后腿 200 千克，经 2～5℃排酸 12～24 小时。

b. 去骨、修整　去皮和脂肪后，修去筋腱、血斑、软骨、骨衣。整个操作过程温度不宜超过 10℃。

c. 盐水注射　配料为混合粉 10 千克、食盐 8 千克、蔗糖 1.8 千克、水 100 千克。先将混合粉加入 5℃的水中搅匀溶解后加入食盐、蔗糖溶解，必要时加适量调味品。配成的腌制液保持在 5℃条件下，浓度为 16 波美度，pH 为 7～8。混合粉主要成分有布拉格粉盐、亚硝酸钠、磷酸盐、异抗坏血酸钠及乳化剂等。盐水注射量以 20%为宜。

d. 腌制滚揉　每小时滚揉 20 分钟，正转 10 分钟，反转 10 分钟，腌制 24～36 小时。腌制结束前加入适量淀粉和味精，再滚揉 30 分钟。腌制间温度控制在 2～3℃，肉温 3～5℃。

e. 充填成型　充填间温度为 10～12℃。

f. 蒸煮　水温 75～78℃，中心温度达 68～69℃时保持 30 分钟。

g. 冷却、包装、贮藏　将产品连同蒸煮篮一起放入冷却池，由循环水冷却至室温，然后在 2℃冷却间冷却至中心温度 4～6℃，即可脱模、包装，在 0～4℃冷藏库中贮藏。

(2) 圆火腿

①工艺流程

原料与处理→滚揉→充填成型→熟制→冷却→包装→贮藏

②工艺配方　原料肉 100 千克，食盐 3.5 千克，白糖 2 千克，三聚磷酸钠 0.6 千克，味精 0.25 千克，异抗坏血酸钠 20 克，亚硝酸钠 7 克，红曲色素 40～60 克，大豆蛋白 4 千克，淀粉 6 千克，水 32 千克。

③操作要点

a. 原料与处理　选用兔的前、后腿肉，经修整去除筋、腱、结缔组织后，切成 2～3 厘米大小的肉块，尽量不要有肥肉。

b. 滚揉　按照配方要求，用冷（冰）水将所有配料溶解后，同原料肉一起倒入滚揉机内，在 4～8℃条件下滚揉 16～24 小时（每小时滚揉 40 分钟），

然后加入淀粉继续滚揉30分钟。

c. 充填成型 用灌肠机将滚揉好的原料肉定量充入肠衣内并打卡封口。

d. 熟制 将灌好的火腿挂在肉车上，推入全自动烟熏室，用80℃温度熟制至火腿中心温度超过75℃，然后在70℃下烟熏20～60分钟（依产品的直径而异）。

e. 冷却、包装、贮藏 烟熏后，冷却至10℃以下，真空包装，在0～4℃下贮藏。

（二）非成型火腿加工技术

1. 工艺流程 非成型火腿是以较大块兔精瘦肉如兔腿为主要原料，经腌制、滚揉等工序加入辅料、提取盐溶蛋白，修整、穿绳、吊挂熏制、蒸煮、冷却、包装（或不包装）贴标、冷藏。

2. 工艺配方 去骨兔腿肉100千克，精盐2.0～2.2千克，复合磷酸盐0.25～0.3千克，味精0.2千克，混合乳化剂2千克，胡椒粉60～80克，葡萄糖500克，肉豆蔻粉30～40克，异抗坏血酸钠50克，肉桂粉20克，亚硝酸钠10～15克。

3. 操作要点

（1）盐水注射 选择去骨兔腿肉，盐水用量为肉重的20%～30%，其中注射量10%～20%，剩余的盐水和兔腿肉一起倒入滚揉机中，在4～8℃的低温下滚揉8～12小时。

（2）吊挂熏制 腌制好的兔腿肉可直接进行修整，穿上线绳，吊挂在烟熏炉内40～50℃条件下进行1～2小时初干燥，在60～70℃烟熏2～3小时。

（3）蒸煮和冷却 75～85℃条件下蒸煮1～2小时，中心温度达到68℃以上即可。蒸煮结束后，自然冷却至室温。

（4）包装贴标 去绳后，通过台式真空包装机单个真空包装或连续真空包装机连续包装贴标。

（5）冷藏 将包装好的成品置于0～4℃冷库贮藏。

四、罐藏制品

罐藏制品采用动、植物资源为主要原料，加工调味后密封于容器中进行高温处理，将绝大部分微生物消灭并使酶失活，其包装可以防止外界微生物再次入侵，在室温下可长期贮存。凡采用密封容器包装并经高温杀菌的食品称为罐藏食品，商业上称之为罐头食品。肉类罐头一般是指采用猪、牛、羊、兔等动物及其副产品为主要原料，经加工制成的罐头产品。

罐头食品加工的生产过程是由原料预处理（包括清洗、清除、切割和整理等）、调味或直接装罐，以及最后经排气密封和杀菌冷却等工序组成。预处理及调味加工可随原料的种类和产品类型而异。但排气、密封和杀菌冷却应为基本生产工序。

（一）罐头生产基本工艺

肉类罐头加工主要包括装罐前原料肉的预处理和装罐后热处理两个生产过程。预处理一般分为原料验收、分割整理、预煮及油炸或腌制等工序，装罐后热处理主要有高温杀菌和保温检验等工序。肉类罐头因原料及品种不同，其加工工艺存在差异，但一般的生产工艺流程为：

罐头容器准备→成品料预处理→装罐→排气→真空封罐→密封→洗涤→杀菌→冷却→保温检验

1. 原料肉处理　肉类罐头加工用的动物肉种类很多，主要是猪肉、牛肉、羊肉和兔肉等，其他动物肉也有少量应用。肉类罐头生产应注意原料种类和质量，不同的原料可以加工制成不同的罐头。同时，成品的色、香、味、质地和营养与原料的质量和卫生状况有着密切的关系。因此，对肉类罐头加工所需原料的选择与处理十分重要。肉类罐头的原料预处理主要包括肉类解冻、洗净、去皮、分割和剔骨整理等。

（1）*肉类原料的解冻条件及方法*　在肉类罐头加工中，经冻结的肉类原料，在加工之前必须进行解冻。冻结肉的解冻，在工业生产中一般是在空气或蒸汽与空气的混合介质中的急速解冻。空气解冻时解冻室的空气温度为12～20℃，相对湿度为50%～60%，解冻时间为15～24小时。这种方法解冻后的肉类，肉汁损失较多。也可将肉类置于流动冷水中解冻。流水解冻速度较快，肉的水分重新吸收完全。但流水中解冻的肉类肉汁流失多，降低了原料的营养价值，分割后肉类营养成分流失会更多。也可采用堆放于垫板上，在15～25℃室温中自然解冻。该法解冻速度较慢，但营养成分损失较少，解冻后基本能恢复肉原来的加工品质。

（2）*肉类分割与剔骨整理*　肉的分割是指根据动物胴体不同部位肉块的质量与等级及其对加工方法的适应性，将其分割成若干部分，加工制成各种罐头。

各种动物肉类的剔骨操作均要求剔除全部硬骨和软骨。剔骨时应下刀准确，保持肉的完整性，尽量降低骨上的带肉量，避免出现碎肉及碎骨渣。剔骨后的原料肉应进行整理，主要包括去皮、修割和整形等。

（3）*原料的预煮*　肉类在预煮时，肌肉中的蛋白质受热后发生凝固，各种蛋白质发生不可逆性的变化，成为不可溶性物质。随着蛋白质的凝固，亲水胶体体系受到破坏而失去保水能力，从而发生脱水作用。蛋白质凝固后，肌肉组织结构变化，变得更加紧密，甚至变硬，便于切块成形。同时，肌肉脱水后，调味汁液更易渗透到肌肉中，为成品的固形物重量提供了保证。此外，预煮有利于减少原料肉的带菌数，有助于罐头产品杀菌效果。预煮时，一般用1.5∶1的肉、水比煮制，时间为20～40分钟。预煮方法：为了减少原料肉中肉汁及其他成分的流失，一般将原料肉放入夹层锅中用沸水预煮，预煮的时间随原料种类、大小及产品加工要求而异。一般为30分钟左右，要求预煮后原料中心无血水，肉质较硬，易于切块成形。

（4）*原料的油炸*　肉类油炸的主要作用是脱水、成形、上色和提高风味。一般肉类经油炸后其重量损失为25%～35%，主要损失是水分蒸发，同时也会损失一些含氮物质，占鲜肉含量的2.1%左右，无机盐损失占鲜肉重的3.1%左右。在油炸时，肉类通常有吸收油脂现象，增加了食品的油脂含量，其油脂的吸入量占肉重的2%～5%。油炸肉类的肌肉组织酥硬，色泽和风味得到改善，在一定程度上提高了肉品的营养价值。

我国一般用开口锅盛装植物油（菜子油或花生油等），待其油增温熬熟后，将原料分批放入锅中油炸，此时油炸温度一般为160～180℃。根据原料的结构、性质、形状大小及成品质量要求确定油炸时间，一般为1～2分钟。在油炸前于肉品表面涂上焦糖色液，然后进行油炸，炸后其表面色泽呈酱红色或黄红色。

（5）*原料的腌制*　目前，一般采用精制食盐、砂糖和亚硝酸钠配制的混合盐腌制肉类原料。先将亚硝酸盐、精制食盐和砂糖分别称量并拌和均匀，存放于干燥处，最好现用现配。

将肉类原料切成一定几何形状的小肉块，直接将混合腌制盐涂抹在表面进行腌制，此腌制法叫干腌。也可将混合腌制盐配成一定浓度的液体，然后将肉块逐一放入该溶液中腌制，该法称湿腌。腌制可促使肉类形成稳定的、具有诱人色泽和特有风味的产品，且可抑制细菌的腐败作用。

2. 装罐　预处理完毕的半成品和辅料或罐液应迅速定量装罐，不应堆积过多、停留时间太长，否则不仅不利于杀菌，品质变劣，而且容易腐烂变质，不宜装罐。

在装罐前，应准备好空罐，注意清洗消毒。因为空罐在制造及贮存运输过程中，罐内外往往被污染，常有微生物或尘埃附着其上，特别是在罐内残留着焊锡药水、锡珠、氯化锌或油污等残留物。因此，为了保证罐头食品的卫生质量，在装罐前就必须对空罐进行清洗、消毒和沥干，保证容器的清洁卫生，提高杀菌效率。铁罐一般用热水冲洗消毒即可。玻璃罐特别是回收的旧玻璃罐，应先用热水浸泡，或用2%～5%的氢氧化钠溶液在40～50℃温度下浸泡5～10分钟，用高压水冲洗，再用90～100℃热水进行短时冲洗，以除去碱液并进行补充消毒。

目前，装罐多采用机械装罐和人工装罐两种方法。机械装罐速度快，重量准确，节省人力。但对于小规模生产和部分特殊品种罐头的生产，一般采用人工装罐。肉类罐头多采用人工装罐。

（1）*装罐注意事项*

①装罐必须保质保量　肉类罐头装罐时，必须保证质量，力求一致，符合有关标准（国家标准或企业标准），每罐净重、固形物重及罐液浓度、重量应达到要求，每罐净重允许公差±3%，但每批罐头不应低于总净重。

每罐固形物含量一般为45%～65%，最常见者为55%～60%，也有的高达90%，根据罐头的种类和规格标准不同而异。罐头经杀菌后固形物含量往往比装罐时低，因此，在装罐时固形物装入量应根据降低量而相应增加。罐液装入量等于净重减固形物重量，一般要求淹没固形物。

②固形物均匀一致　装罐时，同罐中固形物的大小、形状和色泽应尽量均匀，排列整齐，避免混装不同规格的固形物。

③保证罐口清洁卫生　肉类罐头生产过程中，装罐时应尽量保持罐口的清洁，不得有小片、碎块、油脂等黏附，以免影响罐头的密封性。

④装罐时必须保留一定的顶隙　顶隙是指罐内食品表面层或顶点与罐盖间的间隙，一般要求为3～10毫米。顶隙的主要作用在于防止高温杀菌时内容物膨胀使内压增加，而造成罐形的变化，影响罐头的严密性。顶隙过大，罐内食品往往装量不足，而且顶隙的空气残留量多，易使罐头容器腐蚀或发生氧化作用，引起表面层食品变色、变质。但顶隙过小，内容物装量多，杀菌时食品膨胀，罐内压力及体积增加，会造成胖听或胀罐。

（2）*装罐步骤*

预处理半成品→称重→装罐→加罐液→定量

3. 预封和排气　罐头食品生产中，预封与排气是不容忽视的重要工序。预封是食品装罐后用封罐机的滚轮初步将罐盖的盖钩卷入到罐身翻边的下面，相互勾连而成，其松紧程度以能让罐盖沿罐身自由地回转但不允许脱开为度，以便在排气时使罐内的空气、水蒸气及其他气体自由地从罐内逸出。

预封不仅能预防排气时水蒸气落入罐内污染食品，或罐内表面的食品直接受到高温蒸汽的作用和损伤，更重要的是保持罐内顶隙温度，避免外界冷空气的进入，从而提高了罐头的真空度。此外，预封可防止受热后食品过度膨胀和汁液外溢。

常见的预封罐机类型主要有自动预封机和手扳式预封机。手扳式预封机结构简单，生产效率较低，每分钟为 20～25 罐。自动预封机结构较复杂，生产效率高，一般每分钟为 70～100 罐。

排气是食品装罐后密封前将罐内顶隙间存在的、装罐时带入的和原、辅料组织内存在的空气尽可能地从罐内排除的技术措施，从而使密封后罐头顶隙内形成部分真空状态的过程。

真空度＝罐外大气压力－罐内残留气体压力（真空度常用兆帕表示）

加热排气法

①热装罐密封法　事先将食品加热到 80～90℃或煮沸，趁热迅速装罐密封，冷却后罐内便形成一定的真空度。

真空度大小与密封时罐内温度高低有关。采用此法时，必须立即封罐杀菌，因嗜热性微生物在此时可很快地生长繁殖。

②连续加热排气法　装罐后，通过传送装置送入排气箱内加热至罐内中心温度达 70～80℃，趁热密封。密封时罐内温度不应低于 65～70℃。在无真空封罐机设备或常压封罐时可采用此法，但也必须及时进行杀菌处理。

③真空封罐排气法　实罐在真空封罐机内进行抽空排气密封。封罐时利用真空泵先将真空封罐机密封室的空气抽出，建立一定的真空度，待封肉类罐通过密封阀门送入已建立一定真空度的密封室后，罐内部空气在真空条件下立即被抽出，同时立即封罐，并经另一密封阀门送出。目前，我国大多数工厂采用此法，对于肉类罐头效果较好，可获得较高的真空度。

④喷蒸汽封罐排气法　喷蒸汽封罐排气法是指在封罐时向罐头顶隙内喷射蒸汽，将空气驱出而后密封，待顶隙内蒸汽冷凝时便形成部分真空的方法。此法为近几十年发展成功的一种排气方法。

4. 封罐　罐头食品之所以能长期保存，主要是罐头经杀菌后完全依赖容器的密封性，使食品与外界隔绝，不再受到外界空气及微生物的污染而引起腐败。罐头容器的密封性则依赖于封罐机的精确度及操作的正确性。无论何种罐头容器密封，都在特定的封罐（袋）机中进行。

一般封罐机有手摇封罐机、自动封罐机和真空封罐机等。封罐机头有单封头、双封头、四封头、六封头或更多的封头。封头愈多，生产能力愈大。我国生产的封罐机生产能力为每分钟 20～50 罐不等。国外先进的高速封罐机，其封罐能力每分钟可达 1 200 罐。

玻璃罐（瓶）密封时常利用橡胶垫圈或衬垫与罐口紧密结合起密封作用，同样可达到密封效果。

软罐的密封方法主要有高频密封法、热合密封法和脉冲密封法，常用真空热合方法封袋。

现在常用于软罐头密封的设备有简单热封机、真空或真空充气热封机、脉冲真空包装机、换气包装机。此外，自动给袋式真空包装机和可制袋式自动包装机也可应用于软罐头的生产，其生产效率更高，一般包装速度每分钟可达 20～60 袋。

罐头经密封后，罐外壁常黏附着或多或少的污物，若不清洗，杀菌后会牢固附着在罐外表面，影响罐头外观，故应及时用热水或洗涤液洗涤干净后，再进行杀菌。一般的洗涤方法是采用洗罐机擦洗，对某些附着油污较重的产品，应用化学洗涤液清洗（表 3－4）。

表 3－4 罐头洗涤液组成配比（千克）

名 称	配方编号	
	1	2
水玻璃（硅酸钠）（40 波美度）	2.0	6.5
液体氢氧化钠（30%）	1.5	4
松香（一级）	0.5	1
水	90	88.5

将上述配方试剂加热溶解，保持在 90℃以上，罐头密封后通过洗涤液浸洗 5～10 秒，立即用流动热水（90℃以上）冲洗干净，以备杀菌。

5. 杀菌 罐头食品杀菌的意义在于杀灭罐内污染而存在的绝大部分微生物，如致病菌、产毒菌和腐败菌，并由于罐内条件（一定的真空度和酸碱度等）抑制了残留微生物和芽孢的发育，从而使罐内食品在一定保存时间内不致腐败变质。

罐头杀菌的方法，主要采用加热处理。加热杀菌时必须注意尽可能保存食品品质和营养价值。加热杀菌的温度与时间，应根据动物肉类罐头内容物的种类、pH、罐液的种类和浓度、细菌的种类和数量以及罐头的大小等来决定。

在肉类罐头中，由于内容物一般接近中性或微碱性，在这种条件下，细菌芽孢耐热性很强，必须用116℃以上的温度灭菌，故需要采用高压灭菌器或装置进行灭菌。

高压杀菌是在完全密封的高压杀菌器中进行，常用温度为110～121℃。一般的高压灭菌器，罐头在灭菌器内处于静置方式，为了提高杀菌的效果，现采用搅拌式连续高压杀菌锅、旋转式高温短时杀菌锅、水封式高压杀菌锅和无菌装罐等技术。

罐头杀菌时，高温保持时间应为达到杀灭有害微生物的最短时间。因此，了解有关微生物的耐热性是很重要的，同时，也是确定合理杀菌工艺的理论依据。

罐头食品的杀菌工艺条件主要由温度、时间和压力三个因素组合而成，一般用杀菌式$\frac{t_1-t_2-t_3}{T}P$表示对杀菌操作的工艺要求，式中T为杀菌锅的杀菌温度（℃），t_1为杀菌锅加热升温、升压时间（分钟），t_2为杀菌锅内杀菌温度保持稳定不变的时间（分钟），t_3为杀菌锅内降压、降温时间（分钟），P为杀菌加热或冷却时杀菌锅内使用反压的压力（帕）。

肉类罐头杀菌一般采用高温、高压杀菌，其基本操作可分为三个阶段：排气升温，即将杀菌器内部温度升到杀菌温度；杀菌阶段，此时维持杀菌温度达到要求的时间；杀菌完毕后应关闭蒸汽，反压降温。

罐头杀菌要维护产品的品质，必须有科学合理的杀菌措施，为此应注意：杀菌器内的所有罐头要得到同样充分均匀的处理，杀菌器要迅速加热到杀菌要求的恒温，杀菌完毕要迅速冷却。

6. 冷却　罐头经高压杀菌后，罐内仍保持着较高的温度，为了避免食品过热、过烂和维生素等营养成分损失及制品的色、香、味变化，罐头杀菌结束后，应立即降温冷却，而且冷却速度越快越好。冷却可在杀菌锅内进行部分冷却和完全冷却，但必须注意杀菌锅内压力与罐内压力差的变化，以免引起罐头变形、卷边松弛裂漏，甚至破罐。罐头在降温过程中，由于罐内温度下降缓慢，内压较高，当外压突然降低时常会出现胀罐或破罐现象。因此，罐头在冷却时尚需外加压力即反压，如不加反压则放气速度就应减慢，以免杀菌锅和罐内相互间压差过大。金属罐可用冷水加反压直接降温冷却，玻璃罐及软罐应分段冷却，逐渐降温，可防止破裂。

罐头杀菌后一般冷却到38～43℃。因为冷却到过低温时，罐头表面附着的水珠不易蒸发干燥，容易引起锈蚀。罐头杀菌后冷却至38～43℃时及时放进保温库，由于保温库的温度一般为（37±2）℃。因此，罐头杀菌冷却至该温度范围即可。

7. 检验与贮藏　罐头食品的检验与贮藏是罐头食品生产的最后一个环节，也是罐头食品生产方面不应缺少的重要部分。

（1）检验　罐头成品的检验主要有3种方法：保温检验、理化检验和微生物学检验。

保温检验是罐头食品生产的一个重要环节，也是一种罐头的直接检验方法。通过保温检验，能了解罐头的杀菌效果，可及时除去胀罐败坏者和不合格产品。一般将肉类罐头置于恒温室中，在（37±2）℃温度下保温7昼夜。如罐头在高压灭菌器内取出冷却至40℃左右即送入保温室时，则保温时间可缩短为5昼夜。罐头在保温后应及时进行检查，敲打时声音"清脆"者完好，声音"浊"者败坏。也可从罐盖（底）处观察，凹者正常，凸者败坏。

微生物学检验不仅可以判定杀菌是否充分，而且也可了解是否仍有造成罐头败坏的活的微生物存在，特别是致病菌的存在。通常在每批产品中至少抽取12～24罐进行检验，主要根据国家食品卫生标准检查活菌存在数及其种类。

理化检验为罐头成品的质量和杀菌操作技术的功效提供依据。检验项目包括：①感官指标，即产品的色泽、风味、形态、质地和汤汁状态，以及罐头外观等；②理化指标，主要包括罐头总重、净重、固形物重、汤汁重及其浓度、重金属含量、农药残含量、顶隙和真空度、pH和酸度测定气体分析等。具体检验方法可参照国际和国家标准方法。

（2）贮藏　罐头食品的贮藏涉及问题较多，如仓库位置选择，要求进出库方便，交通方便，便于操作管理，库内应具有通风、光照、防火等安全和保管设施。一般罐头贮存有散堆和包装两种。通常箱装比散堆费工要少，操作较方便，不易损伤罐头。散堆节省包装材料，便于随时检验。贮存的罐头应编排号码标签，严格管理，详细记录，对贮存的罐头应经常进行检查，以检出损坏漏罐，避免污染好罐头。

（二）罐藏容器

罐藏容器应符合如下要求：对人体无害，具有良好的密封性和耐腐蚀性，对加热和冷却交替作用具有稳定性，适合于工业化生产。目前广泛使用的罐藏容器有金属罐、玻璃罐和软包装容器。

1. 金属罐　金属罐用镀锡的薄钢板制造。薄钢板表面从内向外是金属层、锡层、氧化膜和油膜，从氧化膜到合金层之间存在着微小的孔洞。在有氧存在的情况下，罐壁铁质会被溶出。同时，肉类等含硫蛋白质在加热杀菌时产生的硫化物，会在罐壁上形成硫化斑或硫化铁。为消除这些缺点，镀锡罐的内罐壁需涂一层抗硫涂料，以隔离金属面与食品，减少其反应。

罐盒按其制造方法不同分接缝焊锡罐和冲底罐。接缝焊锡罐由罐身、罐盖、罐底组合成。罐身的接缝用焊锡封焊，底和盖用二重卷边法和罐身相互接合在一起。罐底周边内侧涂有胶圈，以保证接合部位的密封性，并制成波纹状，以增大罐底强度。

冲拔罐是由一张镀锡薄钢板用冲压机直接冲出的，罐身、罐底连成一体，是既无身缝又无罐底卷边的罐盒。

2. 玻璃罐（瓶） 玻璃罐的优点是化学稳定性好，和食品不发生作用，能保存食品原有风味，且清洁卫生；玻璃透明，便于观察内装食品，以供选择；玻璃罐可多次重复使用。缺点是机械性能低，易破碎，抗冷、热变化的性能差，温差超过60℃时可迅速裂碎，重量大。因此，玻璃罐在罐头食品中的应用受到一定限制。

3. 软包装容器 软包装容器也称软罐头，是将食品装在复合薄膜袋中，经密封、杀菌，使食品得以长期贮藏。复合薄膜由3种基材［聚酯、铝箔和聚烯烃（改性聚乙烯或聚丙烯）等］黏合在一起，各起不同的作用，聚酯外层起加固及耐高温的作用，铝箔中层具有避光、防透气、防透水性能，聚烯烃内层符合食品卫生要求并能热封。软罐头杀菌时间短，可使食品的色、香、味少受影响。具有无毒、卫生，不与食品成分发生化学反应，能密封，耐热性能良好，透气性及透水性小，且可避光等特点。装入食品抽空密封，经加热杀菌后，即可长期保存。由于这类食品的加工生产过程与普通硬罐头（马口铁罐和玻璃罐）生产一致，只是采用软质的包装材料，故称这种罐头为软罐头。

软罐头具有重量轻、体积小、食用与携带方便、节省能源、运输方便和卫生安全的特点，有取代硬罐头的发展趋势。

（1）*软罐是应用复合包装材料制成的* 复合包装材料一般分干法复合和挤出复合两种类型。它能综合各单层材料的特点，互补其缺点，提高物理机械性能。复合形式有2层、4层以上的复合膜。

（2）*包装肉类软罐头多用复合蒸煮袋包装* 复合蒸煮袋在复合包装中属于要求较高的复合材料，一般采用2层、3层透明复合材料或者3层、4层不透明复合材料制成。透明袋一般由PET/PE、PET/PP、PET/PVDC/PE、PP/PVA/PE等复合组成，不透明袋一般由PET/AL/PP、PEP/AL/PA/PP、

PET/AL/PE等材料复合而成（PET——聚酯薄膜，PVDC——聚偏二氯乙烯，PP——聚丙烯，PE——聚乙烯，AL——铝箔，PVA——聚乙烯醇，PA——尼龙薄膜）。

复合包装材料的构成和性质不同，其用途各异。复合包装材料一般可耐115℃以上的高温，根据肉类罐头的特点和要求，通常可选择PET/AL/PP三层复合薄膜为肉类软罐头的通用包装材料。

（三）兔肉罐装制品

兔肉罐头营养丰富，风味独特，携带方便，是人们理想的营养佳品，对外出旅游者尤为经济、实惠。

1. 清汤兔肉罐头　将洗净的鲜兔肉切成长、宽各5～6厘米、厚1厘米的小块，加水煮10～15分钟，不断捞取汤上浮沫，至肉块中心无血水为止。然后每吨兔肉加食盐6.5千克，洋葱碎块17千克，胡椒粉250克，焖煮10～15分钟后即可装罐。

2. 咖喱兔肉罐头　将洗净、剔骨后的兔肉切成长、宽各2～3厘米、厚1厘米的小块，按每吨兔肉加黄酒1.5升、精盐1.5千克、面粉4.5千克拌匀后，用精制植物油加热至180℃左右油炸45～90秒，至兔肉表面呈淡黄色为止。另用精制植物油2升加热至180℃左右，加入洋葱末0.4千克、蒜末0.35千克、生姜末0.25千克，油炸至出现香味；将炒面粉0.85千克、精盐0.35千克、砂糖0.25千克加水1.5升调成面浆与油炸洋葱末、蒜末、生姜末混合，加水8.5升后，再加入姜黄粉0.05千克、红辣椒粉5克、咖喱粉375克、味精60克，搅拌均匀、煮沸后得咖喱浆14～15千克，将兔肉与咖喱浆搭配装罐。

3. 红烧兔肉罐头　将洗净处理后的兔肉切成长、宽各2～3厘米、厚1厘米的小块，每吨兔肉需用酱油70千克，黄酒20升，砂糖21千克，精盐8.5千克，青葱4千克，生姜4千克，味精1.2升，胡椒粉0.4千克，香料水20升（香料水可用肉桂12千克、八角2千克，加水熬煮2小时，过滤制成香料水200升）。调味焖煮15～20分钟后即可搭配装罐。

4. 茄汁兔肉罐头　将兔肉洗净处理后切成2～3厘米见方的肉块，称出100千克待用，把洋葱2.4千克、姜片0.5千克和月桂叶0.15千克、丁香0.063千克、胡椒0.10千克，分别用纱布包成两包，投入150～180千克的水中煮沸10分钟，然后投入兔肉块，煮沸10～12分钟（洋葱、生姜每煮2小时更换一次，月桂叶、丁香、胡椒每煮4小时更换一次）。

预煮后的腹部肉、背部肉、肥肉均切成3～4厘米见方的小块，经清洗复检后分别放置。

茄汁的配制：番茄酱（12%）100千克，精白面粉6千克，黄酒10千克，食盐8千克，味精2千克，花生油32千克，洋葱干24千克，砂糖11千克，预煮汤72千克。把洋葱干用开水浸泡3～5分钟，用孔径为3毫米筛板的绞碎机绞碎，倒入夹层锅中，然后加入预先加热到180℃的花生油，将洋葱炸至淡黄色，把面粉溶于预煮汤中过滤入锅，并放入砂糖、食盐、番茄酱不断搅拌，临出锅时加入黄酒、味精混合液，搅拌均匀即可得茄汁220～224千克。将煮好的肉块和制成的茄汁装罐即可。

5. 红腐汁兔肉罐头　将兔肉洗净捞出，沥干水后，用劈刀沿肋骨与脊椎处把脊椎骨除去。将兔肉切成长、宽各4～5厘米、厚1厘米的肉块，备用。每100千克兔肉片用葱头片0.8千克，生姜片0.5千克，胡椒（破碎）0.1千克，花椒0.08千克及白芷0.05千克。将此5种香辛料装入布袋中扎好后，放入200～250千克的清水中，先加热微沸15～20分钟后，再放入兔肉片预煮8～12分钟。预煮时进行搅拌，并随时撇除浮沫污物，每隔3～4小时更换一次新料，原肉汤浓度（按折光计）达到2%～3%时，取出经过滤备用。

制红腐乳汁：红腐乳12.5千克，精制花生油15千克，红曲粉2.5千克，精盐3.75千克，砂糖3.7千克，味精0.65千克，黄酒1.7千克，原肉汤（2%～3%）60.2千克。将花生油加热至180～210℃进行脱臭后取出备用。将红腐乳捣烂后用原肉汤调和均匀。红曲粉同样用原肉汤调匀。然后将原肉汤、精盐、砂糖、花生油、红腐乳及红曲粉调和液放入夹层锅中，加热至沸，取出后再加入黄酒和味精，调节至总量100千克，待搅拌均匀后备用。将红腐乳汁和制好的兔肉装罐即可。

6. 辣味兔肉罐头

（1）原料处理及配料　将兔肉去骨洗净后切成长、宽各4～5厘米、厚1厘米的肉块，每100千克的兔肉小块，加入混合盐（精盐98%、砂糖1.5%、亚硝酸钠0.5%）2.5千克，混合拌匀后，放入不锈钢腌制桶内或陶瓷缸内，用手把小肉块压紧，以排除肉块间隙空气，上面用塑料布封好后送入2～4℃的腌制库内腌制24～48小时，以小肉块呈鲜红色为准。将腌好的肉块入锅油炸，油温为180℃，炸制2～5分钟，至兔肉呈棕红色捞出。

（2）调味液配制　胡椒0.25千克，白芷0.2千克，葱1千克，花椒0.2千克，砂糖5千克，紫草0.25千克，黄酒4千克，生姜0.8千克，八角、茴香各0.45千克，精盐0.5千克，肉桂0.45千克，味精0.35千克，清水140

千克。

先将清水放入夹层锅中，再将胡椒（破碎）、白芷、花椒、紫草、肉桂、八角、茴香、生姜及葱头（切片）洗净放入布袋中，扎好袋口，放入夹层锅中，加热微沸1小时左右取出袋子，然后加入砂糖、食盐，待完全溶解后，取出经细绒布过滤后，最后再加入黄酒和味精，用开水调节至总量100千克，待混合均匀后备用。

（3）辣椒油配制　精制花生油87千克，红辣椒粉2.6千克，清水10.4千克。先用清水把红辣椒粉拌和均匀，然后再加入到花生油中，加热至水分全部蒸发后，取出静置澄清，虹吸其上层澄清辣椒油备用。沉渣中的辣椒油，经过滤之后使用。

将调味液、辣椒油和煮好的兔肉装罐即可。

7. 兔肉罐制品加工操作要点及工艺参数

（1）原料选择及处理　采用非疫区健康良好的家兔，须经兽医检验。兔肉必须经冷却排酸处理，不允许使用热鲜兔肉及放血不净、冷冻两次或质量不好的兔肉。允许兔肉表面有伤疤，但每只不超过5处，每处面积不超过20毫米^2（呈紫色或黑色）。冷冻兔肉在解冻过程中，除保证良好的卫生条件外，必须严格控制解冻条件，以免肉汁大量流失，影响成品质量。流水解冻时，水温须低于20℃，且冻肉不能露出水面，最好放入0～4℃库中解冻，效果最好。

清汤兔肉、咖喱兔肉、红腐汁兔肉、辣味兔肉、红烧兔肉、茄汁兔肉等各类罐头的主要区别在于原料处理。原料肉经预煮、油炸等工艺处理后准备装罐。

（2）空罐清洗　兔肉罐头大都使用马口铁罐，形状有高圆形、扁圆形、马蹄形等。经检验合格的空罐，必须用沸水或0.1%的碱溶液清洗消毒，再用清水冲洗后烘干待用。在乡（镇）小型加工厂，洗罐消毒一般采用手工操作，先在热水中刷洗干净后，再在沸水中消毒30～60秒；大、中型企业可用洗罐机清洗，用沸水或蒸汽消毒。

（3）装罐密封　装罐时必须按罐头的种类和规模标准进行称重，按大、小搭配后装罐。罐顶应留有8～10毫米的空隙。装罐方法：人工装罐的主要过程有装料称重、压紧加汤料或调味料等；大、中型加工厂可采用自动式或半自动式装罐机装罐。装罐后为防止内容物氧化变质，抑制罐内残留的好气性细菌繁殖，应迅速进行预封、排气，最后用手摇封罐机、自动封罐机或真空封罐机封罐，使罐内食品与外界完全隔绝，以利于长期保存。

（4）杀菌冷却　为了杀灭罐内残留的微生物，经装罐、预封、排气、封罐后，应及时进行杀菌处理。小型加工厂可采用常压杀菌法，将罐头置于热水中加热杀菌。大、中型加工厂可采用高压蒸汽杀菌法，将罐头置于密封的杀菌器中，通入一定压力的蒸汽，排除空气及冷凝水后，使容器内温度升至120℃以上。杀菌后罐内仍保持着很高的温度，为防止肉块过烂和营养成分的损失，应立即冷却。冷却速度越快越好，罐内温度降得越低越好。冷却方式有喷冷和浸冷两种，喷冷是将罐头放入冷却室中，喷射冷水于罐头表面散热。浸冷是将罐头迅速放入预先经氯处理的流动冷水中散热。

（5）干燥贮存　冷却后的罐头，为防止生锈，必须擦干罐外水分，然后装箱贮藏。贮藏的最适温度为0～10℃，温度过高，罐内残存的细菌芽孢就会繁殖，使食品分解变质，甚至腐败膨胀。温度过低，易发生冻结，影响食品的色、香、味和组织状态。

（6）成品规格

①感官指标　肉色正常呈绛红色，具有浓香味，肉质软硬适度，块形大小均匀。

②理化指标　每罐净重上下相差不得超过3%，兔肉固形物不能低于净重的60%。

③微生物指标　无致病菌和因微生物作用所引起的腐败现象及膨胀、漏水、漏气等情况。

（7）主要设备　夹层锅、真空封口机、杀菌锅。

（四）兔肉软罐头

软罐头食品又称蒸煮袋食品，是用复合薄膜包装，采用高温高压快速杀菌的先进工艺加工，与金属罐或玻璃罐相比，能较好地保持食品的原有风味和营养素，具有重量轻、体积小、强度高、耐贮藏、便携带、开启方便、节约能源等诸多优点。在发达国家的军需、民用、旅游、航天等方面得到了广泛的应用。近年来，我国软罐头食品生产也方兴未艾。兔肉软罐头制品增加了软罐头食品的花式品种，方便了兔肉的运输、贮存、销售和食用，前景广阔。

1. 腊香兔肉软罐头　腊香兔肉软罐头采用乙基麦芽酚代替硝酸盐类进行呈色，使腊香兔肉呈现光亮的棕红色泽，避免硝酸盐类产生亚硝胺的致癌物质，确保产品的安全卫生；采用低盐与复合性香辛料、调味料进行腌制，快速风干发酵，使产品具有肉质紧密、富有弹性、鲜嫩味美、咸淡适宜、腊香醇厚的独特风味。

（1）原料处理及配料 将腊兔肉斩成长、宽各3～4厘米、厚1厘米左右的块状。100千克兔肉加入温水10千克，黄酒4千克，精炼植物油4千克，白砂糖1千克，味精100克，鸡精20克，生姜丝1千克，干红辣椒丝0.5千克搅拌均匀。放置1.5小时左右，中间翻动2次，上锅焖蒸30分钟，出锅稍冷却。

（2）装袋封口 称量150克装入蒸煮袋中，真空封口，真空度为0.085兆帕。

（3）杀菌冷却 杀菌公式为10分钟—25分钟—10分钟（升温—恒温—降温）/116℃，反压冷却（0.12兆帕），冷却至38～40℃出锅。

（4）保温试验 将成品置37℃恒温箱内，保温贮藏7天，包装袋内无胀气现象即为合格成品。

2. 多味卤汁兔肉软罐头 多味卤汁兔肉呈绛红色，有光泽，有特殊的浓郁酱香味，肉块形状完整，酥而不烂，有弹性。

（1）原、辅料及配方

①腌液配方 兔肉100千克，食盐2.5千克，白糖3千克，黄酒2千克，味精0.5千克，豆瓣酱1千克，八角、肉桂、花椒各0.1千克，丁香、砂仁、小茴香、肉豆蔻、草果各0.05千克，白胡椒0.15千克，生姜0.5千克，大蒜0.2千克。

②煮液配方 花椒100克，茴香50克，砂仁15克，八角100克，肉桂100克，陈皮80克，良姜60克，肉豆蔻25克，草果25克，生姜1千克，辣椒0.15千克，将香辛料分别用纱布袋包装。为使辣味更多溶入卤水中，生姜清洗后要压碎，辣椒应剪碎。

除上述香辛料外，还需食盐1.5千克，酱油6千克，白糖1千克，黄酒2.5千克，味精0.5千克，五香粉0.1千克。

（2）工艺流程与主要设备

工艺流程如下：

鲜兔肉（或冻兔解冻）→整理→切块→腌制→预煮→冲洗→油炸→煮制→浸卤→真空包装→高温杀菌→冷却→检验→装袋→成品

主要设备：真空包装机、连续封口机、压力蒸汽杀菌锅、油炸锅、夹层锅或电热煮制提升锅。

（3）操作要点

①原料处理 冻兔肉先行解冻，剔除筋腱及污物，根据产品要求切成合适

大小块。

②腌制 腌制的目的在于增加风味，延长保质期，脱去肉中的部分水分，使肌肉更加紧密，便于包装。腌制用浸泡法，先将香辛料包在纱布中，放入夹层锅内煮沸1小时。再加入调味料（盐、糖、味精等），放凉。将肉块放入腌制液内腌制。腌制时间随腌制温度而定。温度低，腌制时间长，反之则短。但温度高容易使微生物生长繁殖，导致肉的腐败变质。因此，在炎热季节应降温腌制，一般在5～10℃的预冷间内腌制12～24小时；而冬、春季节，一般在室温下腌制即可。但腌制的时间须视气温情况灵活掌握。

③预煮 在提升锅中放入清水，再按肉重量加入1.5%的食盐和香辛料袋，煮沸后倒入切好的肉块。20分钟后，用长柄铁钩刺戳腿肌肉，如无血水淌出即可出锅。

④冲洗 肉块经预煮后从锅内捞出，用自来水冲洗、降温。然后将肉块捞入食品周转箱中沥水，再倒在操作台上摊开，继续散热与沥水。

⑤油炸 待预煮后冲洗的肉块表面水分晾干后，均匀地涂抹上一层饴糖水（糖、水比为4∶6）或40%～45%的蜂蜜水，再放入175～185℃的热油锅中炸半分钟左右，使肉块表面呈绛红色捞出，滤油、冷却。

⑥煮制 将香辛料袋放入锅中煮沸后倒入100千克经油炸的肉块煮制。加入食盐、酱油、白糖、黄酒等调味品，用旺火烧10分钟后改用文火慢煮，使锅内水分保持在90℃左右，不要让汤水沸腾。在慢煮的过程中，要轻轻翻动兔肉2～3次。当肉块泛起浮在卤水表面，用手指按压兔腿肉有松软感时，用旺火煮沸后即可出锅。

⑦浸卤 将煮好的肉块捞入缸内，上面撒上五香粉、味精，再从锅中取卤水倒入缸内浸渍，上放竹架用石块压实，使卤水浸没肉块，能继续起到调味作用。一般浸卤的时间为8～12小时，如浸卤时间过长，肉块会变成黑红色，影响外观；若浸卤时间太短，则肉块的色泽和风味都要差一些。

⑧包装杀菌 浸卤后出锅冷却进行真空包装。真空包装密封后的包装物，应放在食品周转箱内1小时左右，才能放入杀菌锅的栅屉之中，这时凡封合不严或袋壁被刺破者都能显露出来，须将袋壁松弛或已隆起的胀包剔出并重新更换包装袋，以避免产品两次消毒而导致的过熟现象。杀菌方式为：10分钟—30分钟—反压冷却/121℃。

⑨套封标签袋 经杀菌、冷却后的真空包装产品，放入食品周转箱内，标明消毒日期，送进库房。放置7天后逐包检查袋壁与肉块的黏着情况，若两者之间紧贴为一体、中间无气隙，说明达到杀菌的目的，外套彩印标签袋封合

后，即可装箱出厂。

五、调理肉制品

（一）低温调理食品

低温调理食品是指以农、畜、水产品为原料，经适当调理后妥善包装、于冷冻（—18℃）或冷藏（7℃以下）的条件下储存、销售，可直接食用或食用前经简单加工或热处理即可食用的产品。以其加工方式及产品形态的不同又可再分成火锅料类、面食类、米食类、水产炼制品类等制品。

1. 产品的加热　加热条件不但会影响产品的味道、口感、外观等重要品质，同时在冷冻调理食品的卫生保证与品质保鲜管理方面也是至关重要的环节。按照该类产品的“良好操作规范”、“危害因素分析与关键点控制”和该类产品标准所设定的加热条件，必须能够彻底地实现杀菌。从卫生管理角度看，加热的温度越高越好，但加热过度会使脂肪和肉汁流出，产品率下降，风味变劣等。一般要求产品中心温度为70～80℃。

2. 典型的低温调理食品生产流水线　荷兰克维尼亚食品机械系统有限公司的速冻调理食品生产设备的显著特点是：每台设备既有独立的生产功能，可以单独使用，又可以根据生产工艺随意地组合，配置出不同的生产流水线。

（1）成型、裹涂、油炸、速冻产品生产流水线　可以生产各种兔肉饼等产品。

①工艺流程

原料预处理→成型→上浆→上屑→油炸→冷却→速冻

②设备排布

成型机→上浆机→面包屑机→油炸机→预冷传送带→螺旋速冻机→下降传送带

③生产能力　选用400毫米生产流水线，约450千克/小时；选用600毫米生产流水线，约750千克/小时。

（2）膨化裹涂、油炸速冻类产品生产流水线　可以生产炸兔排、炸兔腿和酥兔肉等产品。

①工艺流程

原料处理→膨化上浆→油炸→冷却→速冻→包装

②设备排布

上料传送带→预撒粉机→膨化上浆机→油炸机→预冷→传送带→螺旋速冻机→下降传送带

③生产能力 选用400毫米生产流水线，约400千克/小时；选用600毫米生产流水线，约800千克/小时。

（3）烘烤全熟产品生产流水线 可生产烤兔肉、酱兔肉。

①工艺流程

原料预处理→烘烤（蒸煮）→冷却→速冻

②设备排布

上料传送带→烘烤隧道→预冷传送带→螺旋速冻机→下降传送带

③生产能力 500千克/小时。

（二）兔肉微波食品

家用微波炉的普及和社会分工的细化，出现了对微波炉食品的强大要求。所谓微波炉食品，即可用微波炉加热烹制的食品。微波炉食品通常分为两大类：一类是常温可贮藏半年到一年，食用时不需要烹制，只需要微波加热即可；另一类是低温贮运食品，有冷藏和冻藏两种，使用时需要微波或热力炉加热烹制。在美国、日本等国，由于微波炉的家庭普及率较高，微波食品发展较早，现微波食品有上千种。我国微波食品的生产和研究还很滞后，近年来发展较快，如面点类食品、米饭速冻微波食品、菜肴调理食品，已经陆续上市。微波兔肉食品具有方便快捷、原料和汤汁全营养利用，并可根据需要进行科学配制等特点，克服了传统中式制品的出口率低的缺点，它是中国烹饪技术和工厂化生产相结合的新型产品。

1. 微波酒焖兔肉

（1）原、辅料及配方 兔肉50千克，洋葱200克，胡萝卜120克，西红柿420克，胡椒粉80克，精盐1.5千克，芹菜50克，料酒2千克，啤酒1千克，油适量。

（2）工艺流程

兔肉切块→腌制→煎炒→焖煮→冷却→盒装→加西红柿→封盖→冷却→成品

（3）主要设备 切块机、电热平底蒸煮锅。

（4）操作要点

①将兔肉切成小块，洋葱切丝，胡萝卜切片，西红柿切片。

②将兔肉块放入清水中，加入芹菜、部分料酒、啤酒和少许盐，腌制2个

小时左右，以漂去血水和腥气。

③将兔肉捞起沥水。

④在电热煮锅中放入油，烧热后加入兔肉翻炒，呈泛黄色后加入洋葱、胡萝卜继续翻炒几分钟。

⑤加入剩余辅料（西红柿除外）和适量水，将兔肉焖熟。

⑥出锅将兔肉放在食品托盘中，入冷却间冷却。

⑦将兔肉块和适量汤汁装入微波炉盒中，上面摆三片西红柿，封盖。

⑧入－18℃冷库中冻藏。

2. 微波菠菜兔肉

（1）主要原料及配方　去骨肉 50 千克，菠菜 10 千克，食盐 2 千克，味精 50 克，姜片 65 克，花椒水 200 克，麻油适量，啤酒 300 克，冰糖 220 克。

（2）工艺流程

兔肉切片→煮熟→沥水→拌入辅料→腌制→装盒→加菠菜→封盖→冻藏→成品

（3）主要设备　电热平底蒸笼锅、不锈钢锅。

（4）操作要点

①去骨肉漂洗干净后，切成片，加入少许盐，煮熟。

②将煮熟的兔肉片起锅沥水。

③将菠菜择洗干净，切成段，入沸水锅内焯熟，起锅沥水。

④将上述所有辅料和熟兔肉片拌匀，腌制 3～5 小时。

⑤将腌好的兔肉片定量装入微波炉盒中，上面摆放一层菠菜段，加盖。

⑥入－18℃冷库中冻藏。

3. 微波香汁兔肉

（1）主要原、辅料　兔肉 50 千克，葱 0.4 千克，姜 0.2 千克，胡椒粉 0.5 千克，花椒粉 0.03 千克，白芷 0.01 千克，茴香 20 克，红腐乳 6 千克，花生油 6 千克，盐 2 千克，糖 1.5 千克，味精 0.3 千克，花雕酒 0.5 千克。

（2）工艺流程

兔肉→预煮→切块→调汁→封盒→冻藏→成品

（3）主要设备　电热平底锅、夹层锅、不锈钢锅、桶等器具。

（4）操作要点

①将葱、姜、茴香、白芷用纱布包好，放入电热蒸煮锅内，煮沸约 20 分钟。

②兔肉洗净后，入锅，加入花椒粉、胡椒粉继续煮 10 分钟左右。

③捞出兔肉冷却后剁成小块。

④将腐乳、盐、糖、味精、花雕酒和30千克煮兔肉汤汁搅匀待用。

⑤将花生油入锅加热至200℃左右，冷却后与上步待用调味汁搅拌均匀，煮沸冷却。

⑥将兔肉和调味汁定量装入微波炉盒中，加盖。

⑦入－18℃冷库中冻藏（食用时需要用热力炉或微波炉二次加热）。

（三）孜然兔肉串

1. 主要原、辅料　去骨兔肉100克，复合腌制剂6克，调味粉0.45克，香辛料0.35克，复合磷酸盐0.2克，食粉0.1克，白砂糖0.6克，冰蛋白3.5克，高辣粉0.6克，孜然粉0.47克，鸡肉粉0.18克，马铃薯淀粉8.5克，大豆分离蛋白5克，色拉油2克，酱油0.4克，水20克。

2. 工艺流程

原料接收→原料处理→切条→配料→滚揉→腌制→切块→穿串→摆盘→单冻→装袋→金属探测→包装→冷藏→发运

3. 主要设备　滚揉机、不锈钢刀等其他器具

4. 操作要点

（1）选择修整完好、新鲜的去骨肉，要求肉上无软硬骨、淤血、黄脂肪，检查原料肉有无杂质异物。

（2）将原料肉切成1.5厘米×3厘米的长条，要求原料肉的温度控制在10℃以下。

（3）严格按照配料表中配方进行配制，配料过程中按照物料的形态分类计量：粉末状原料放在一起，膏状原料放在一起，淀粉、蛋白、色拉油单独称量。

（4）将穿好的肉串均匀、平整地摆放在盘中，保持一定的距离，以免挤压、粘连影响形状，摆放时平面朝下，并用垫纸盖好。

（5）将摆好盘的兔肉串，放入－35℃以下的冷库速冻，冻至中心温度－18℃以下即可。

（6）装袋，根据规格要求，将冻好的兔肉串进行装袋。

（7）金属探测，按操作规程调试金属探测仪，确认探测仪灵敏后，将每袋产品通过金属探测仪检测金属，每半小时一次按规定步骤检测探测仪灵敏度。金属探测仪限值为Φ＜1.5毫米。

（8）装箱入库，将包装好的产品，入－18℃以下冷库进行储存。

（四）兔肉丸子

1. 主要原、辅料 兔去骨肉 55 千克，肥膘 10 千克，玉米淀粉 10 千克，鸡蛋白 2 千克，碘盐 1.5 千克，磷酸盐 0.2 千克，白砂糖 1.2 千克，味精 0.35 千克，亚硝酸钠 0.004 千克，花椒粉 0.12 千克，大料粉 0.05 千克，草果 0.006 千克，白芷 0.006 千克，葱 2.6 千克，姜 1.3 千克，香油 0.12 千克，红曲红 0.01 千克，猪肉提取物 0.3 千克，大豆分离蛋白 2 千克，卡拉胶 0.2 千克，冰水 20 千克。

2. 工艺流程

原料肉处理→绞肉→斩拌→成型→煮制→冷却→装袋→冷冻

3. 主要设备 绞肉机，斩拌机，不锈钢锅，成型机。

4. 操作要点

（1）原料肉处理、绞肉 选取检验合格的兔去骨肉、鸡皮，去除其中的碎骨、淋巴、污物等杂物，分别用 6 毫米孔板绞肉机绞制。

（2）斩拌 先将鸡皮投入斩拌机中高速斩拌 1.5 分钟，无可见颗粒后，将蛋白、卡拉胶以及 5 千克冰水加入斩拌机中斩拌约 4.5 分钟。待乳化物整体细腻光亮、有弹性时，加入兔去骨肉、盐等辅料及 10 千克冰水，斩拌约 3 分钟。当馅料更加细腻黏稠、有弹性时，加入淀粉、香料及 5 千克冰水，斩拌均匀，出馅温度控制在 10～12℃（注：期间冰水陆续加入）。

（3）成型、煮制 通过成型机成型后，水煮温度控制在 94℃，时间视肉丸大小而定。

（4）冷却、装袋、速冻 将煮制好的肉丸进行冷却、装袋，－18℃速冻。

（5）包装入库 速冻完成后，将其包装入库储藏。

第五节 兔肉新产品开发技术

一、兔肉新产品风味调制技术

（一）调味料的选择、制备工艺、组合配伍

1. 调味料风味食感要素 调味料风味是食品进入口腔后，经咀嚼、破碎并与唾液混合后，风味物质逐渐释放出来，作用于舌、鼻和咽喉等部位感觉受体，经神经系统和大脑整合后作出的综合认识，是嗅觉、味觉、视觉、触觉甚至听觉的综合感受效果。

2. 调味料的种类 调味料大致可分为基础调味料、鲜味调味料、天然调味料、复合型调味料等四型。

(1) 基础调味料 包括家庭一般使用的食盐、砂糖等统称为基础调味料。

(2) 鲜味调味料 主要有谷氨酸钠（味精 MSG）、5′-肌苷酸（5′-IMP）、5′-鸟苷酸（5′-GMP）、琥珀酸钠等。味精的鲜味只有在盐存在的情况下才能显示出来。核苷酸单独在水中并无鲜味，但核苷酸、琥珀酸钠与味精并用时，具有明显协同效应，味精鲜味能大幅度增强。核苷酸的使用量约为味精的1/100左右，琥珀酸钠使用量以不超过味精的 1/10 为宜。在 5′肌苷酸＋5′-鸟苷酸中，5′-肌苷酸：5′-鸟苷酸最好为 19：1。

(3) 天然调味料

①分解型天然调味料

a. 酸分解型 是以脱脂大豆、玉米面筋等植物性蛋白原料和鱼粉、酪朊、动物胶等动物性蛋白原料经加工酸水解而成的水解蛋白（HVP、HAP）。可起到调整味道、减盐、减缓苦味、去掉厌味等功效，它们不但具有呈味增强效果，而且还具有改良效果，还能发挥香味增强效果。

b. 酶分解型 主要用于酵母抽提物和肉原粉的制备。酵母抽提物是酵母细胞内蛋白质降解成氨基酸和多肽，核酸降解为核苷酸，并把它们和其他有效成分如 B 族维生素、谷胱甘肽、微量元素等一起从酵母细胞中抽提出来所制得的人体可直接吸收利用的可溶性营养及风味物质的浓缩物。它具有许多其他调味料所没有的特征：具有复杂的呈味特性，调味时可赋予浓重的醇厚味，有缓解酸味、除苦等效果，对异味、异臭具有屏蔽作用。用此法制备的肉类原粉虽然较酸分解味道稍差，但原来的肉的风味还是能表现出来。

②抽出型调味料 该型调味料由畜产品、水产品等天然原料经加热抽提、榨汁、酶解等工艺方法精制加工浓缩而成。以鱼精粉、肉类精粉、蔬菜精粉为主要代表，汤料中添加这类精粉，可使汤料产生浓重感，使味道厚实和醇厚，可以获得使用盐、有机酸和氨基酸、核酸等化学调味料无法得到的复杂呈味和风味。

(4) 复合型调味料 指的是将提高食品嗜好的素材按不同的使用目的经科学方法组合、调配制作而成的调味产品。通常是以水解蛋白、酵母抽提物、肉类精粉等天然调味料为主体，再与谷氨酸钠等各种氨基酸、核酸等风味要素混合调制而成的。

3. 调味料在兔肉制品中的应用 肉制品调味料一般是以食盐、砂糖、酱油、味精等基础调味料为基料，再添加鱼、肉、蔬菜等风味浓缩物及水解蛋白、酵母精粉等各种氨基酸、核酸、有机酸等呈味物质配制而成。如前所述，天然调味料较化学调味料更能体现汤料的浓郁、醇厚、复杂的呈味并赋予风味，同时具有掩盖不良气味的效果。天然调味料与化学调味料配合开发出接近天然风味和味道的调味料是今后肉制品调味料乃至整个调味料行业的发展方向。

（二）反应型风味调理香精的制备与应用

反应型调理香精是利用各类蛋白质原料（如畜肉、禽肉、海鲜、植物蛋白等）经酵素分解、加热水解、生物反应等作用，使其蛋白质分解成小分子蛋白肽、蛋白胨及氨基酸成分，并根据美拉德反应原理在特定条件下，配合各种单体加热反应，使其呈现特定风味，再经纯化、调和浓缩（喷雾干燥）等步骤，得到高浓度、风味独特、使用方便的天然食品香精。

1. 反应生成原理　一般认为加热香气是氨基酸、多肽（特别是含硫物质）与糖类进行的一系列氨（基）羰（基）反应（加热美拉德非褐变反应）及其二次反应生成物所形成的。

（1）前体物质　配制肉类调理香精的前体物质包括水溶性和脂溶性两大类物质（表 3-5）。风味前体物质（主要是水溶性风味前体物质）是食品风味的重要来源，它们经加热发生一系列复杂的化学反应，产生出各种类型的具有一定挥发性和味觉特性的风味物质，它们赋予食品的特殊风味，使人们产生强烈的选择性食欲。风味前体物质基本上都是食品中重要的营养素，供给人体必要的热量与营养。

表 3-5　常见风味前体物质

水溶性风味前体物质	脂溶性风味前体物质
蛋白质	甘油三酯
多肽	游离脂肪酸
游离氨基酸	磷脂
还原糖	
核苷酸	
羰基化合物	

①脂肪和类脂　脂肪是非常重要的风味前体物质，脂肪酸的不饱和度越高，肉的香味越佳，尤其是脂肪氧化后与含硫化合物反应，可生成特定肉香物

质。脂肪的作用主要是使香精的整体口感浓厚柔和，起助香作用，也有定香剂的作用。

②蛋白质和氨基酸　动物或植物水解蛋白在加热过程中逐渐降解为小分子量的多肽，其中一部分小肽具有特殊的呈味效果。水解蛋白是合适的制备肉味香精的主要原料，在香精中它作为基料，既能增添风味，又能增大香精体积。

③碳水化合物和含杂原子化合物　葡萄糖、果糖、核糖、甘露糖、乳糖等，这些糖中除脱氧核糖外都可以和氨基酸进行糖氨反应，生成肉味的物质。含硫化合物是制备肉类香精所必需的，是香精的关键成分之一，一般以半胱氨酸、蛋氨酸、硫胺等作为供体。

(2) 热反应体系　肉味调理香精热反应体系中，主要原料为水解蛋白(HP)、酵母抽提物等，辅以配料如还原糖、氨基酸和含硫化合物等（表3-6)，在高温下加热反应可产生风味独特的化合物。硫氨素是一种常用的配料，经热降解生成为呋喃、呋喃硫醇、噻吩、噻唑和脂肪族含硫化合物，这些降解产物是肉香味中重要的挥发性风味物质。

表3-6　肉类风味的反应体系中常用的主配料

主　料	配　料
HVP、HAP	硫胺素
酵母自溶物	半胱氨酸
肉提取物	谷胱甘肽
特定动物脂肪	葡萄糖
鸡蛋固形物	阿拉伯糖
甘油	5-核苷酸
谷氨酸钠	蛋氨酸

(3) 调理香精风味形成途经

①热降解　主要指水溶性风味前体物质热降解。蛋白质、肽和氨基酸在较高温度（一般大于130℃）加热过程中逐渐降解，脱氨脱羧形成醛、烃、胺等重要挥发性风味物质。糖类在较高浓度和较高温度条件下发生焦糖化反应，一部分经脱水、环化，形成羟甲基呋喃风味物质；另一部分发生热降解反应形成醛、酮类挥发性的羰基化合物。

②美拉德反应　这是食品加热产生风味最重要的途径之一。食品中的游离氨基酸和还原糖是美拉德反应的重要参与者，是产生肉香气的重要前体物质。在加热条件下，它们之间发生羰氨反应。美拉德反应的产物十分复杂，既和参

与反应的氨基酸与单糖的种类等前体物质有关，也与受热的温度、时间长短、体系的 pH、水分等因素有关。

③脂质的氧化作用　脂肪是食品风味重要的前体物质，在加热过程中分解为游离脂肪酸，而不饱和脂肪酸（如油酸、亚油酸、亚麻酸、花生四烯酸等）因含有双键而在加热过程中易发生氧化反应，生成过氧化物，继而进一步分解生成酮、醛、酸等挥发性羰基化合物，产生特有的肉香味。含羟基的脂肪酸水解后生成羟基酸，经加热脱水、环化生成内酯化合物。内酯化合物具有令人愉快的气味，是重要的挥发性风味化合物。

2. 反应型调理香精的特征与应用　与天然提取物相比，反应型调理香精香气浓郁、强烈，具有极好耐热性和保存稳定性，可任意选择成分和反应条件，可生产品质均相同而各种香气程度不同的肉食风味，其主要机能是平衡、恢复和提高天然提取物的香气和风味，隐蔽不良的气味或味道，在增进食品总体风味的同时，简化加工工序，有助于降低成本。反应型风味调理香精已为全世界公认，风味自然、安全性最好，因而被广泛用于方便面、速食粥、汤、即食调味品、休闲食品、冷冻调理食品、肉类制品、罐头食品等，是一种非常有生命力的天然食品香精。

（三）烟熏香味料的性能和应用

传统工艺熏制的食品，含有 3，4-苯并芘致癌物质，严重危害食用者的健康。用天然植物经干馏、提纯精制而成的烟熏香味料熏制食品，既保证生产者与食用者的健康，大大减少了传统方法在厂房、设备等方面的投资，又能实现机械化、连续化作业，且生产工艺简单，熏制的时间短，劳动强度低，不污染环境，延长熏制品保质期的同时，又增加了特定的香味。

（四）腌腊制品风味的形成

腌肉产品加热后产生的风味和未经腌制的肉的风味不同，主要是使用的腌制成分和肉经过一定时间的成熟作用形成的。腌肉中形成的风味物质主要为羰基化合物、挥发性脂肪酸、游离氨基酸、含硫化合物等物质，当腌肉加热时就会释放出来，形成特有风味。腌肉制品在成熟过程中由于蛋白质水解，会使游离氨基酸含量增加。许多试验证明游离氨基酸是肉中风味的前体物质，并证明腌肉成熟过程中游离氨基酸的含量不断增加，这是由肌肉中自身所存在的组织蛋白酶的作用。

腌腊制品的成熟过程和温度、盐分以及腌制品成分有很大关系。温度愈高，腌制品成熟的也愈快。脂肪含量对成熟腌制品的风味也有很大的影响，不同种类肉所具有的特有风味都和脂肪有关，传统腌肉制品一般都要经过几个星期到几个月成熟过程，由于酶的作用使脂肪分解而供给产品特有的风味。多脂鱼腌制后的风味胜过少脂鱼，低浓度的盐水腌制的猪肉制品其风味比高浓度腌制的好。

成熟过程中的化学和生物化学变化，主要是微生物和肉组织内本身酶活动所引起。腌制过程中肌肉内一些可溶性物质外渗到盐水组织中，如肌球蛋白、肌动球蛋白、肌浆蛋白等都会外渗到盐水中去，它们的分解产物就会成为腌制品风味的来源。

二、兔肉制品包装设计技术

（一）兔肉制品包装规范

1. 包装功能　包装的功能主要有：保证产品处于最佳状态，使产品不受外界（如光线、异味、微生物等）影响，在消费、携带、开启、仓储、运输等环节中带来最大的便利。

2. 产品标示　食品标示系指标示于食品或食品添加物的容器、包装或说明书上，用以记载品名或说明的文字、图画或记号。标示的内容包括：①食品名称：食品名称是在食品标签的醒目位置清晰地标示食品真实属性的专有名称。②配料清单：配料是在制造和加工食品时使用的，并存在于产品中的任何物质，包括食品添加剂。食品的标签上应标示配料清单，单一配料的食品除外。③配料的定量表示（强制标示的内容）。④净含量的表示（强制标示内容）。⑤制造者、经销者的名称和地址（强制标示内容）。⑥日期标示和储藏说明（强制标示内容）。⑦产品标准号（强制标示内容）。⑧质量（品质）等级（强制标示内容）。⑨使用方法（非强制标示内容）。

（二）兔肉制品包装的设计要求

现代生活是快节奏的时代，兔肉制品的制作、包装等过程需要适应当今时代。包装是产品由生产转入市场流通的一个重要环节，在市场经济的大环境下，每个企业都在探索自己的产品进入市场，参与流通与竞争的手段和方法，产品包装以其所处的地位，已成为人们越来越重视的经营环节。它最直接地参与了市场竞争，成为市场销售战略中的一个强有力的武器。

兔肉制品包装应体现在方便、卫生、美观上，而且人们对其包装的要求也越来越高。因此，包装要反映商品的内在价值，突出差异化，应注重包装对品牌发展的贡献。

（三）材料的选择

1. 内包装材料的选择 食品的内包装是直接接触食品的一层包装，对它的要求有：

（1）品质的保护性

①阻隔性 选择包装材料时，必须注意水分、水蒸气、气体、光、芳香物质、热的透过性。

②耐冲击性 如材料的耐震动和冲击、材料的堆积强度等。

③稳定性 如材料的耐热性、耐寒性以及老化和尺寸的稳定性等。

（2）加工适应性

①机械性 如抗拉强度、延伸度、拉裂强度等。

②热封性 包括热封温度、压力、时间等。

（3）方便性

①产品运送的方便性 如输送或者搬运的方便性、机械搬运性等。

②消费的方便性 如开封的方便性、开封后的保存性和再包装的性能等。

2. 外包装材料的选择 外包装的材料应安全卫生，符合国家标准；可印刷性强，防挤压、防震能力良好，厚度适当。

（四）包装的视觉传达设计

1. 色彩设计 包装的色彩设计是通过不同的色彩明度、纯度、色相的有机组合，构成一种视觉形象，给人以刺激和感情、情绪的感染。由于人们可以通过对所看到的色彩产生知觉联想，即以色彩的色相、色性的构成与变化使人受到强烈的视觉刺激，并由此得到对该产品特性的初步认识，从而产生与之相应的联想，从而吸引消费者关注商品的包装，激起购买欲望和购买行为。

2. 图形设计 图形是介于文字与美术之间的视觉传达形式，能够在纸或其他表面上表现，能通过印刷及各种媒体进行大量复制和广泛传播，它通过一定的形态来表达创造性的意念，将设计思想可视化，使设计造型成为传达信息的载体。图形在视觉传达过程中具有迅速、直观、易懂、表现力丰富、感染力强等显著优点，所以在包装装潢设计中被广泛采用。它的主要作用是增加商品形象的感染力，使消费者产生兴趣，加深对商品的认识理解，产生好感。图形的设计原则有：

（1）表达准确　无论在包装上采用什么样的图形，都应当准确地体现出商品诚实可靠的信息，这不仅有利于培养消费者对该商品的信赖感，也有利于培养对该品牌的忠实度。

（2）审美性强　一个成功的包装，其图形设计必然是符合人们的审美需求。无论包装图形的表现方式如何、个性怎样，它带给人们的必须是美好而健康的感受，既能唤起个人情感的体验，也能引起美好的遐想和回忆。

（3）个性鲜明　当一个包装拥有与众不同的图形设计，它也就能避免目前市场存在的包装“雷同性”现象，而从拥有繁多竞争品牌的货架上脱颖而出。很显然，平庸的包装设计不可能在众多同类产品的市场中产生诱人的魅力，要想吸引消费者关注的目光，就得将图形设计得个性鲜明。

3. 文字设计　文字是人类文明发展的产物，是人类文明得以延续的载体之一。文字的设计在视觉传达设计作品中，是设计形式美感的重要因素。在视觉传达设计中，不能把文字简单地理解为一种说明符号，它可以通过不同字体的选择运用，渲染不同的气氛，塑造不同的视觉感受，提高字体本身的艺术性和趣味性，通过字体的优美变化吸引读者的注意，唤起读者的情感，以实现信息传递的目的。文字设计遵循的原则：

（1）中文字造型应具有鲜明的可识别性　包装文字要正确地反映商品的名称和说明，传达准确的完整的商品信息，使消费者能通过文字清楚地了解产品及功用，这就要求在文字设计与编排时注意突出商品的名称，同时文字应具有清晰性、准确性及强烈的可识别性。

（2）文字造型或内容必须具有思想性　包装中的字体设计必须从内容出发，对文字字体进行艺术加工，字体与内容应紧密结合在一起，文字造型与设计思想融洽，从而生动突出地表达文字的精神含义，增进宣传效果。

（3）字体设计要有艺术特色并对消费者有吸引力　基于以上原则，若对中式酱卤兔肉制品外包装进行文字设计，可有以下考虑：①产品名称采用中国传统的隶书，这可与产品制造的历史性想适应，字体颜色采用黑色。②为了实现与整体的协调，字体颜色统一采用深棕色。

4. 整体形象的构成设计　构成是将色彩、图形、文字等视觉传达要素有机组合在特定空间里，与包装的造型及材料相协调，构成一个趋于完美、无懈可击的整体形象。构成原则有：

（1）整体性　要确定好一种构成基调，所有视觉要素的构成都向这一基调看齐，使包装呈现出一目了然的整体感。

（2）协调性　在包装视觉要素的整体安排中，应紧扣主题，突出主要部分，次要部分则应充分起到陪衬作用，这样各局部之间的关系就得协调统一。

（3）生动性　过分的循规蹈矩只会产生平平淡淡、毫无生气的感觉。因此，在构成时往往需要增加一些变化，打破过于单调的局面，使构成关系生动活泼、新鲜明朗。

第四章

兔肉加工质量安全生产体系 >>>>>

第一节 兔肉及加工制品认证

一、QS认证

根据我国《中华人民共和国工业产品生产许可证管理条例》第二条，国家对乳制品、肉制品、饮料、米、面、食用油、酒类等直接关系人体健康的加工食品的生产企业实行生产许可证制度。适用范围为在我国境内从事以销售为目的的食品生产加工经营活动的企业，不包括进口食品。该认证制度包括三项具体制度。

1. 生产许可证制度　对符合条件的食品生产企业，发放食品生产许可证，准予生产获证范围内的产品。未取得食品生产许可证的企业不准生产食品。

2. 强制检验制度　未经检验或经检验不合格的食品不准出厂销售，对于不具备自检条件的生产企业强令实行委托检验。

3. 市场准入标志制度　对实施食品生产许可证制度的食品，出厂前必须在其包装或者标识上加印（贴）市场准入标志——QS标志，没有加印（贴）QS标志的食品不准进入市场销售。根据国家质检总局2010年第34号公告，“企业食品生产许可证标志以企业食品生产许可的拼音 Qiyeshipin Shengchanxuke 的缩写 QS 表示，并标注生产许可中文字样。企业食品生产许可证标志由食品生产加工企业自行加印（贴）。企业使用企业食品生产许可证标志时，可根据需要按式样比例放大或者缩小，但不得变形、变色。”

标志图形

图4-1 食品市场准入标志

国家质检总局2005年第79号令《食品生产加工企业质量安全监督管理实施细则（试行）》规定了食品生产加工企业必备的条件、食品生产许可证办理程序、食品质量安全检验、食品质量安全监督、核查人员和监督人员要求等内容。其中食品生产加工企业必须具备10个条件：

（1）食品生产加工企业必须具备和持续满足保证产品质量安全的环境条件和相应的卫生要求。

（2）食品生产加工企业必须具备保证产品质量安全的生产设备、工艺装备和相关辅助设备，具有与产品质量安全相适应的原料处理、加工、包装、贮存和检验等厂房或者场所。生产加工食品需要特殊设备和场所的，应当符合有关法律法规和技术规范规定的条件。

（3）食品生产加工企业生产加工食品所用的原材料、食品添加剂（含食品加工助剂，下同）等应当符合国家有关规定，不得违反规定使用过期的、失效的、变质的、污秽不洁的、回收的、受到其他污染的食品原材料或者非食用的原辅料生产加工食品。使用的原辅材料属于生产许可证管理的，必须选购获证企业的产品。

（4）食品生产加工企业必须采用科学、合理的食品加工工艺流程，生产加工过程应当严格、规范，防止生物性、化学性、物理性污染，防止待加工食品与直接入口食品、原料与半成品、成品交叉污染，食品不得接触有毒有害物品或者其他不洁物品。

（5）食品生产加工企业必须按照有效的产品标准组织生产。依据企业标准生产实施食品质量安全市场准入管理食品的，其企业标准必须符合法律法规和相关国家标准、行业标准要求，不得降低食品质量安全指标。

（6）食品生产加工企业必须具有与食品生产加工相适应的专业技术人员、熟练技术工人、质量管理人员和检验人员。从事食品生产加工的人员必须身体健康、无传染性疾病和影响食品质量安全的其他疾病，并持有健康证明；检验人员必须具备相关产品的检验能力，取得从事食品质量检验的资质。食品生产加工企业人员应当具有相应的食品质量安全知识，负责人和主要管理人员还应当了解与食品质量安全相关的法律法规知识。

（7）食品生产加工企业应当具有与所生产产品相适应的质量安全检验和计量检测手段，检验、检测仪器必须经计量检定合格或者经校准满足使用要求并在有效期限内方可使用。企业应当具备产品出厂检验能力，并按规定实施出厂检验。

（8）食品生产加工企业应当建立健全企业质量管理体系，在生产的全过程实行标准化管理，实施从原材料采购、生产过程控制与检验、产品出厂检验到售后服务全过程的质量管理。国家鼓励食品生产加工企业根据国际通行的质量管理标准和技术规范获取质量体系认证或者危害分析与关键控制点管理体系认证（以下简称 HACCP 认证），提高企业质量管理水平。

（9）出厂销售的食品应当进行预包装或者使用其他形式的包装。用于包装的材料必须清洁、安全，必须符合国家相关法律法规和标准的要求。出厂销售的食品应当具有标签标识。食品标签标识应当符合国家相关法律法规和标准的要求。

（10）贮存、运输和装卸食品的容器、包装、工具、设备、洗涤剂、消毒剂必须安全，保持清洁，对食品无污染，能满足保证食品质量安全的需要。

我国目前已对粮食加工品、食用油、油脂及其制品、调味品、肉制品、乳制品、饮料、方便食品、饼干、罐头、冷冻饮品、速冻食品、薯类和膨化食品、糖果制品（含巧克力及制品）、茶叶及相关制品、酒类、蔬菜制品、水果制品、炒货食品及坚果制品、蛋制品、可可及焙烤咖啡产品、食糖、水产制品、淀粉及淀粉制品、糕点、豆制品、蜂产品、特殊膳食食品、其他食品等 28 大类食品实施食品质量安全准入制度。我国已发放肉制品生产许可证书 9 400余个。

二、无公害、绿色、有机认证

（一）无公害认证

无公害农产品是指产地环境、生产过程和产品质量符合国家有关标准和规范的要求，经认证合格获得认证证书并允许使用无公害农产品标志的未经加工或者初加工的食用农产品［《无公害农产品管理办法（农业部、质检总局 2002 年第 12 号令）》］。无公害产品生产中允许限量、限品种、限时间地使用人工合成化学农药、兽药、鱼药、肥料、饮料添加剂等。

无公害食品是对食品的基本要求，无公害食品标准是对食品质量的最起码要求，是市场准入的最低标准。无公害食品主要是农产品和初级加工食品，消费定位面向广大的中低收入阶层。无公害食品的产品标准、环境标准和生产资料标准为强制性国家及行业标准，生产操作规程为推荐性行业标准，要求食品基本安全。

我国无公害农产品试点工作始于 20 世纪 80 年代后期，到 2001 年农业部提出“无公害食品行动计划”，意在解决由污染引发的日益突出的农产品质量安全问题。截至 2010 年年底，我国有效无公害农产品达到 56 500 多个，产品总量达 2.76 亿吨；2011 年 29 933 个产品获得农业部无公害农产品认证，产量达1.08亿吨；2012年初6 315个产品获得农业部无公害农产品认证，产量达1 427.7万吨。一直以来，我国在全面实施“农业部无公害食品行动计划”，力争基本实现食用农产品无公害生产，保障消费安全。

无公害农产品认证是政府行为，依据国家认证认可制度和相关政策法规、程序和无公害食品标准，对未经加工或初加工的食用农产品的产地环境、农业投入品、生产过程和产品质量进行全程审查验证，由省级以上农业行政主管部门组织完成无公害农产品产地认定（包括产地环境监测），并向评定合格的农产品颁发《无公害农产品产地认定证书》，允许使用全国统一的无公害农产品标志（图4-2），认证不收任何费用。

图4-2 无公害农产品标志

根据《无公害农产品管理办法》，无公害农产品认证分为产地认定和产品认证，产地认定由省级农业行政主管部门组织实施，产品认证由农业部农产品质量安全中心组织实施，认证工作接受国家认证认可监督管理委员会的业务指导和监督。目前无公害农产品认证工作已经形成了以农业部农产品质量安全中心为核心，以省、地、县三级工作机构和检查员队伍为基础，以检测机构和评审专家队伍为支撑的工作网络。

无公害农产品认证主要遵循以下程序：①省级承办机构接收《无公害农产品认证申请书》及附报材料后，审查材料是否齐全、完整，核实材料内容是否真实、准确，生产过程是否有禁用农业投入品使用和投入品使用不规范的行为。②无公害农产品定点检测机构进行抽样、检测。③农业部农产品质量安全中心所属专业认证分中心对省级承办机构提交的初审情况和相关申请材料进行复查，对生产过程控制措施的可行性、生产记录档案和产品（检测报告）的符合性进行审查。④农业部农产品质量安全中心根据专业认证分中心审查情况，组织召开“认证评审专家会”进行最终评审。⑤农业部农产品质量安全中心颁发认证证书，核发认证标志，并报农业部和国家认监委联合公告。

（二）绿色认证

绿色食品是指绿色食品，是指产自优良生态环境、按照绿色食品标准生产、实行全程质量控制并获得绿色食品标志使用权的安全、优质食用农产品及相关产品。绿色食品实施“从土地到餐桌”全程质量控制。在绿色食品生产、加工、包装、储运过程中，通过严密监测、控制和标准化生产，科学合理地使用农药、肥料、兽药、添加剂等投入品，严格防范有毒、有害物质对农产品及食品加工各个环节的污染，确保环境和产品安全。

根据《绿色食品标志管理办法》，申请使用绿色食品标志的产品，应当符合《中华人民共和国食品安全法》和《中华人民共和国农产品质量安全法》等法律法规规定，在国家工商总局商标局核定的范围内，并具备下列条件：①产品或产品原料产地环境符合绿色食品产地环境质量标准。②农药、肥料、饲料、兽药等投入品使用符合绿色食品投入品使用准则。③产品质量符合绿色食品产品质量标准。④包装贮运符合绿色食品包装贮运标准。

申请使用绿色食品标志的生产单位，应当具备下列条件：①能够独立承担民事责任。②具有绿色食品生产的环境条件和生产技术。③具有完善的质量管理和质量保证体系。④具有与生产规模相适应的生产技术人员和质量控制人员。⑤具有稳定的生产基地。

绿色食品区分为 AA 级和 A 级。A 级绿色食品指在生态环境质量符合规定标准的产地，生产过程中允许限量使用限定的化学合成物质，按特定的操作规程生产、加工，产品质量及包装经检测、检验符合特定标准，并经专门机构认定，许可使用 A 级绿色食品标志的产品。AA 级绿色食品指在环境质量符合规定标准的产地，生产过程中不使用任何有害化学合成物质，按特定的操作规程生产、加工，产品质量及包装经检测、检验符合特定标准，并经专门机构认定，许可使用 AA 级绿色食品标志的产品。AA 级绿色食品标准已经达到甚至超过国际有机农业运动联盟的有机食品的基本要求。因 AA 级绿色食品等同于有机食品，中国绿色食品发展中心已于 2008 年 6 月停止受理 AA 级绿色食品认证。

绿色食品标志是中国绿色食品发展中心在国家工商行政管理局商标局注册的质量证明商标，用以证明绿色食品无污染、安全、优质的品质特征。它包括绿色食品标志图形、中文“绿色食品”、英文“GREEN FOOD”及中英文与图形组合共四种形式。绿色食品的标志图形由三部分组成，即上方的太阳、下方的叶片和中心的蓓蕾，象征自然生态；颜色为绿色，象征着生命、农业、环保；图形为正圆形，意为保护。绿标图形描绘了一幅明媚阳光照耀下的和谐生机，告诉人们绿色食品正是出自纯净、良好生态环境的安全无污染食品，能给人们带来蓬勃的生命力。同时，还提醒人们要保护环境，通过改善

图 4-3　绿色食品标志

人与自然的关系，创造自然界的和谐。消费者可通过产品包装的四项标注内容（即图形商标、文字商标、绿色食品标志许可使用编号和"经中国绿色食品发展中心许可使用"字样）来识别绿色食品，具体可上网查询（www. greenfood. org. cn）。绿色食品标志许可使用编号的含义见表4-1。

表4-1 绿色食品标志许可使用编号的含义

LB	××	××	××	××	××××	A
标志代码	产品分类	批准年度	批准月份	省份国别	产品序号	产品分级

绿色食品标志受《中华人民共和国商标法》保护，中国绿色食品发展中心作为商标注册人享有专用权，包括独占权、转让权、许可权和继承权。未经注册人许可，任何单位和个人不得使用。

按照《绿色食品标志管理办法》的要求，申请使用绿色食品标志的程序如下：

（1）申请人向省级工作机构提出申请，并提交标志使用申请书、资质证明材料、产品生产技术规程和质量控制规范、预包装产品包装标签或其设计样张、中国绿色食品发展中心规定提交的其他证明材料。

（2）省级工作机构进行材料审查，符合要求的，予以受理，并在产品生产期内组织有资质的检查员完成现场检查。不符合要求的，不予受理，书面通知申请人并告知理由。现场检查合格的，省级工作机构应当书面通知申请人，由申请人委托符合相关规定的检测机构对申请产品和相应的产地环境进行检测。现场检查不合格的，省级工作机构应当退回申请并书面告知理由。

（3）检测机构接受申请人委托后，应当及时安排现场抽样，并在规定时间内完成检测工作，出具产品质量检验报告和产地环境监测报告，提交省级工作机构和申请人。

（4）省级工作机构提出初审意见。初审合格的，将初审意见及相关材料报送中国绿色食品发展中心。初审不合格的，退回申请并书面告知理由。

（5）中国绿色食品发展中心在规定时间内完成书面审查，并组织专家评审。必要时，可以进行现场核查。

（6）中国绿色食品发展中心应当根据专家评审的意见，做出是否颁证的决定。同意颁证的，与申请人签订绿色食品标志使用合同，颁发绿色食品标志使用证书，并公告；不同意颁证的，书面通知申请人并告知理由。

（7）绿色食品标志使用证书是申请人合法使用绿色食品标志的凭证，应当载明准许使用的产品名称、商标名称、获证单位及其信息编码、核准产量、产品编号、标志使用有效期、颁证机构等内容。绿色食品标志使用证书分中文、英文版本，具有同等效力。

（8）绿色食品标志使用证书有效期3年。证书有效期满，需要继续使用绿色食品标志的，标志使用人应当在有效期满3个月前书面提出续展申请。省级工作机构应当进行续展材料初审。初审合格的，由中国绿色食品发展中心做出是否准予续展的决定。

（三）有机认证

有机食品一词是从英语“Organic Food”直译过来的，也叫生态或生物食品。国际有机农业运动联合会（International Federation of Organic Agriculture Movements，简称IFOAM）给出的有机食品的定义为：根据有机食品种植标准和生产加工技术规范而生产的、经过有机食品颁证组织认证并颁发证书的一切食品和农产品。根据我国国家标准GB/T 19630—2011《有机产品》的规定，有机产品是指生产、加工、销售过程符合该标准的供人类消费、动物食用的产品。有机标准要求在动植物生产过程中不使用化学合成的农药、化肥、生长调节剂、饲料添加剂等物质，以及基因工程生物及其产物，而且遵循自然规律和生态学原理，采取一系列可持续发展的农业技术，协调种植业和养殖业的平衡，维持农业生态系统良性循环。对于加工、贮藏、运输、包装、标识、销售等过程中，也有一整套严格规范的管理要求。

有机产品认证是指认证机构按照国家标准GB/T 19630—2011《有机产品》和《有机产品认证管理办法》以及《有机产品认证实施规则》的规定对有机产品生产和加工过程进行评价的活动。根据《有机产品认证管理办法》，国家认证认可监督管理委员会负责有机产品认证活动的统一管理、综合协调和监督工作。在我国境内销售的有机产品均需经国家认证认可监督管理委员会批准

图4-4　有机产品认证标志

的认证机构认证。截至2011年年底，我国经批准可以开展有机产品认证的机构有23家，已颁发有机产品认证9 337张，获得认证的有机生产面积达到200万公顷，有机转换面积44万公顷。

中国有机产品认证标志有两种：中国有机产品标志、中国有机转换产品标志。我国的有机产品标志涵义：形似地球，象征和谐、安全，圆形中的“中国有机产品”和“中国有机转换产品”字样为中、英文结合方式，既表示中国有机产品与世界同行，也有利于国内、外消费者识别。

有机产品认证采用统一的认证证书编号规则（表4-2）。认证机构在农产品系统中录入认证证书、检查组、检查报告、现场检查照片等方面相关信息后，经格式校验合格后，由系统自动赋予认证证书编号，认证机构不得自行编号。

表4-2 有机食品认证证书编号规则

×	×	×	×	—×
认证机构批准号中年份后的流水号（认证机构批准号的编号格式为“CNCA—R/RF—年份—流水号”，其中R表示内资认证机构，RF表示外资认证机构，年份为4位阿拉伯数字，流水号是内资、外资分别流水编号。内资认证机构认证证书编号为该机构批准号的3位阿拉伯数字批准流水号；外资认证机构认证证书编号为：F＋该机构批准号的2位阿拉伯数字批准流水号）	认证类型的英文简称（OP）	年份（采用年份的最后2位数字，例如2011年为11）	流水号（为某认证机构在某个年份该认证类型的流水号，5位阿拉伯数字）	子证书编号（若某张证书有子证书，那么在母证书号后加“—”和子证书顺序的阿拉伯数字）

有机食品必须符合四个条件：①有机原料，原料必须来自于建立的或正在建立的有机农业生产体系，或采用有机方式采集的野生天然产品。②有机过程，产品在整个生产过程中严格遵循有机食品的生产、加工、包装、贮藏、运输标准。③有机跟踪，生产者在有机食品生产和流通过程中，有完善的质量跟踪审查体系和完整的生产及销售记录档案。④有机认证，即必须通过独立的有机食品认证机构的认证。

要获得有机产品认证，需由有机产品生产或加工企业或者其认证委托人向具备资质的有机产品认证机构提出申请，按规定将申请认证的文件，包括有机生产加工基本情况、质量手册、操作规程和操作记录等提交给认证机构进行文件审核、评审合格后认证机构委派有机产品认证检查员进行生产基地（养殖场）或加工现场检查与审核，并形成检查报告。认证机构根据检查报告和相关的支持性审核文件作出认证决定、颁发认证证书等过程。获得认证后，认证机构还应进行后续的跟踪管理和市场抽查，以保证生产或加工企业持续符合GB/T 19630—2011《有机产品》和《有机产品认证实施规则》的规定要求。进行现场检查的有机产品认证检查员应当经过培训、考试、面试并在中国认证认可协会（CCAA）注册。

三、HACCP认证

HACCP是危害分析与关键控制点（hazard analysis and critical control point）的英文缩写。我国GB/T 15091《食品工业基本术语》中对HACCP的定义为：生产（加工）安全食品的一种控制手段，对原料、关键生产工序及影响产品安全的人为因素进行分析，确定加工过程中的关键环节，建立、完善监控程序和监控标准，采取规范的纠正措施。

HACCP是20世纪60年代由PILLSBURU公司联合美国国家宇航局（NASA）和美国陆军NATICK实验室共同制定的，为太空作业的宇航员提供食品安全方面的保障。随着全世界人们对食品安全卫生的日益关注，食品工业和其消费者已经成为企业申请HACCP体系认证的主要推动力，在美国、欧洲、英国、澳大利亚和加拿大等国家，越来越多的法规和消费者要求将HACCP体系的要求变为市场的准入要求。目前，HACCP已发展成为保障食品安全最有效的管理体系。

我国引进HACCP食品安全管理体系已有20余年。据统计，我国食品生产企业大约44.8万家，但截至2011年6月，全国通过HACCP（含ISO 22000食品安全管理体系）认证的食品生产企业仅1.14万家，所占比例2.55%。全国出口食品企业约1.35万家，建立和实施HACCP管理体系的企业占80%以上，相对非出口企业而言情况较好。

（一）HACCP体系的基础原则

在HACCP中，有七条原则作为体系的实施基础，它们分别是：

1. 进行危害分析　结合食品生产和加工过程中各工艺流程，查找所有会出现的影响食品安全的生物、化学或物理方面的危害因素，并提出预防性控制措施。

2. 确定关键控制点　关键控制点是能进行有效控制危害的加工点、步骤或程序，通过有效的控制，防止危害的发生，使之降低到可接受水平，甚至消除危害。关键控制点是由产品加工过程的特性决定的。

3. 建立关键限值 关键限值是每个关键控制点的安全界限，其设置应合理、适宜、可操作性强，符合实际应用，确保每个关键控制点的控制指标处在控制范围内。

4. 确定监控程序 结合生产自身特点，制定针对每个临界控制点的特别控制措施，建立流程，确定监控对象、监控方式、监控频率、监控负责人等，将污染预防在临界值或容许极限内。

5. 确立纠正措施 当监控表明有关键按控制点失控时，要采取纠正措施，消除产生失控的原因，将控制点返回到受控状态下。

6. 记录保持程序 建立并维护一套有效系统，将涉及所有适用程序和这些原则进行记录，并文件化。

7. 建立验证程序 建立确保 HACCP 体系有效运作的确认程序，包括确认关键控制点的验证、监控设备的校正、针对性的取样检测、记录的复查、系统的验证审核、最终产品的微生物实验、执法机构的验证。

HACCP 不是一个单独运作的系统，在现有的食品安全体系中，HACCP 是建立在 GMPs 和 SSOPs 基础之上的，并与之构成一个完备的食品安全体系。HACCP 更重视食品企业经营活动的各个环节的分析和控制，使之与食品安全相关联。

(二) HACCP 体系的认证程序

根据国家认证认可监督管理委员会发布的《危害分析与关键控制点（HACCP）体系认证实施规则》（CNCA－N－008：2011），HACCP 体系认证依据主要为 GB/T 27341《危害分析与关键控制点（HACCP）体系 食品生产企业通用要求》和 GB 14881《食品企业通用卫生规范》，认证程序主要包括：

1. 认证申请阶段 企业必须注意选择经国家认可的、具备资格和资深专业背景的第三方认证机构，提交认证申请书和相关文件资料。认证机构受理企业申请后，申请企业应提交与 HACCP 体系相关的程序文件和资料。认证机构应在申请人提交材料齐全后对其提交的申请文件和资料进行评审并保存评审记录。申请材料齐全、符合要求的，予以受理认证申请；未通过申请评审的，应书面通知认证申请人在规定时间内补充、完善，不同意受理认证申请应明示理由。

2. 认证审核阶段 认证机构应根据受审核方的规模、生产过程和产品的安全风险程度等因素，对认证审核全过程进行策划，制定审核方案。

HACCP 体系认证初次认证审核应分两个阶段实施：第一阶段和第二阶段。一、二阶段审核均应在受审核方的生产或加工场所实施。

审核组应对在第一阶段和第二阶段审核中收集的所有信息和证据进行分析，以评审审核发现并就审核结论达成一致。审核组应为每次审核编写书面审核报告，认证机构应向受审核方提供审核报告。为验证危害分析的输入持续更新、危害水平在确定的可接受水平之内、HACCP 计划和前提计划得以实施且有效，特别是产品的安全状况等情况，在现场审核或相关过程中应采取对申请认证产品进行抽样检验的方法验证产品的安全性。

认证机构应根据审核过程中收集的信息和其他有关信息，特别是对产品的实际安全状况和企业诚信情况进行综合评价，做出认证决定。审核组成员不得参与认证决定。

对于符合认证要求的受审核方，认证机构应颁发认证证书；对于不符合认证要求的受审核方，认证机构应以书面的形式告知其不能通过认证的原因。

3. 证书保持阶段　HACCP 体系认证证书有效期为 3 年。认证证书应当符合相关法律、法规要求。

4. 复审换证阶段　认证证书有效期满前 3 个月，获证组织可申请再认证。再认证程序与初次认证程序一致，但可不进行第一阶段现场审核。当体系或运作环境（如区域、法律法规、食品安全标准等）有重大变更并经评价需要时，再认证需实施第一阶段审核。

四、清真食品认证

清真食品就是严格按照伊斯兰教的饮食禁忌所做的食品。目前越来越多以伊斯兰教国家的采购商要求供应商通过 HALAL 认证审核。为了发展信奉伊斯兰教的人群顾客，不少食品生产企业也开始要求其上游供应商通过 HALAL 认证审核。清真食品认证，又称为 HALAL 认证，是指食品生产商的食品生产操作过程须符合伊斯兰教义，并取得有关机构的认证。其中主要的关键点是：食品中的猪源性食物和酒精是受禁忌的，畜禽的屠宰方式须符合伊斯兰教规。

（一）国际 HALAL 清真认证流程

1. 提交申请表　认证申请方先填写申请表格，交到 HALAL 认证机构。

2. 审查申请表　HALAL 申请表通过审查后，HALAL 总部出具 HA-

LAL 认证付款发票和认证协议。

3. 签订协议和付款 申请方签订协议并扫描后发给认证机构，同时付款，并将银行回单扫描发到认证机构。

4. 现场检查 HALAL 总部收到签字协议和付款后，安排 HALAL 检查工厂，主要检查以下内容：①申请表上的配料与仓库中的配料是否一致。②考察设备状况，要求设备干净、生产工艺符合 HALAL 法规。③若有其他用于生产非 HALAL 产品的配料，要求其与 HALAL 产品不得互相污染。

5. 取得证书 由 HALAL 总部颁发 HALAL 证书。

6. HALAL 证书续证 第二年及以后每年续证程序同第一年的认证程序。

（二）我国清真食品认证状况

清真食品是我国回族、维吾尔族、哈萨克族、东乡族、柯尔克孜族、撒拉族、塔吉克族、乌孜别克族、保安族、塔塔尔族等 10 个少数民族的生活必需品，涉及人口 2 000 余万人，全国已有 16 个省、自治区和直辖市制订了专门的清真食品管理地方性法规或政府规章。根据各省的《清真食品管理条例》规定："清真食品标志牌由省民族事务行政主管部门统一监制，由市（州、地）、县（市、区）民族事务行政主管部门发放。"表明清真食品的认证主体是民族宗教管理部门，他们所认定的依据自然也是从民族的立场出发，只要是 10 个信仰伊斯兰教的少数民族的穆斯林申请，达到人数比例要求的都可以取得"清真食品标志牌"。

国际上，清真食品认证已形成通行体系，美国、欧洲、新加坡、马来西亚等国都有一套清真食品的认证体系，它是清真食品进出国门的把关者。但当前我国进出口的清真食品认证还没有实现，这与我国穆斯林群体的极大消费市场和需求极不相符。2009 年宁夏回族自治区制定了地方法规《清真食品认证通则》，其中包括适用范围、规范性引用文件、术语与定义、总则、申请认真的清真食品生产经营企业的资质要求、清真食品原材料的要求、清真食品加工规范要求、清真食品的包装标志、运输存储要求等内容，涵盖了清真食品生产全过程，从而保证清真食品安全管理符合国际通用的"从农田到餐桌"的整体过程控制理念，这是对于清真食品产业国际化的积极探索。

五、动物福利认证

动物福利就是为了使动物能够健康快乐地生活而采取的一系列行为和给动

物提供相应的外部条件，包括生理上和精神上两方面。动物福利概念由五个基本要素组成：生理福利，即无饥渴之忧虑；环境福利，也就是要让动物有适当的居所；卫生福利，主要是减少动物的伤病；行为福利，应保证动物表达天性的自由；心理福利，即减少动物恐惧和焦虑的心情。世界动物卫生组织尤其强调了农场动物的福利，指出农场动物是供人吃的，但在成为食品之前，它们在饲养和运输过程中，或者因卫生原因遭到宰杀时，其福利都不容忽视。

大量研究表明，良好的动物福利条件，能够降低动物的应激水平，提高其免疫力。良好的养殖环境、营养状况、疾病控制、行为需求满足等能够提高动物的生长率、饲料转化率和繁殖性能等，从而提高养殖的经济效益，同时改善动物福利条件，能够显著提高畜产品品质，提升质量安全水平。较差的动物福利会严重影响动物健康状态，进而影响肉品质量。在运输、屠宰过程中差的动物福利会导致白肌肉（PSE 肉）和黑干肉（DFD 肉）的产生，胴体的淤伤以及动物皮张的损伤，这些危害都会产生严重的经济损失。

目前世界上已经有 100 多个国家制定了相应的法律法规，从根本上改善了动物福利现状，欧盟、美国等发达国家或地区，亚洲的新加坡、马来西亚、泰国和日本等也在 20 世纪完成了动物福利立法，而我国在这方面却一直滞后，已成为影响我国畜产品出口的严重障碍。我国的深加工畜产品主要销往欧盟、美国、日本等国家和地区，而这些国家和地区又是动物福利的积极倡导者。因此，动物福利壁垒正逐渐成为限制我国畜产品出口的重要不利因素，阻碍了我国畜产品有效地参与国际竞争。

目前国内关于动物福利认证的实施几乎没有，可见的报道仅有少数几家。主要原因是缺乏必要的动物福利标准，没有形成重视动物福利的共识。欧盟国家采用立法形式规范畜禽养殖、屠宰业。

六、其他认证

(一) ISO 9000 认证

ISO 9000 系列标准是由 ISO/TC 176（国际标准化组织质量保证技术委员会）制定的国际标准。1987 年，ISO 正式颁布 ISO 9000 系列标准，包括 ISO 9000、ISO 9001、ISO 9002、ISO 9003、ISO 9004 共 5 个国际标准。后来又分别于 1994 年、2000 年和 2008 年进行修订。2000 年我国发布等同采用 ISO 9000：2000 标准的 GB/T 19000—2000 系列标准。企业内推行 ISO 9000 系列标准，有助于强化质量管理，降低生产成本，提高经济效益，提高企业在市场的竞争力。

ISO 9000认证的程序为：提出申请→受理申请→签订合同→制定审核方案→审核启动→文件评审/初访→现场审核准备→现场审核→审核报告编制、批准和分发→纠正措施的跟踪、验证→认证的评审、批准和发证→监督审核→复评。

企业申请认证时需要提交文件：①申请方营业执照复印件。②资质或许可证复印件（法律法规规定需要资质和许可证的行业。③商标注册证明复印件（如需在认证证书中表明商标时。④有效的管理体系文件（如管理手册、程序文件汇编）。⑤生产/服务的主要过程的流程图。⑥受审核方的主要生产设备及检测设备清单。⑦多现场项清单。⑧产品适用标准清单。

（二）ISO 22000认证

ISO 22000是由国际标准化组织于2005年9月1日正式发布的食品安全管理体系。该标准定义了食品安全管理体系的要求，适用于所有组织、可贯穿整个供应链——从农作者至食品服务、加工、运输、储存、零售和包装，是一个国际认证标准。我国于2006年7月1日将此标准同等转化为GB/T 22000：2006《食品安全管理体系 食品链中各类组织的要求》，推动了我国食品管理标准与国际通用标准的接轨。

ISO 22000认证的前提是首先在企业中建立起食品安全管理体系，利用HACCP原理，进行危害分析，制定相应的控制措施，建立可追溯性系统等，然后编写食品安全管理体系文件，包括食品安全手册、过程控制文件、相应记录文件等。在以上工作的基础上，进行审核，目的是对体系进行客观的评价并获得认证，包括审核准备、文件评审、现场审核、审核报告，最后受审核方若需要对产品进行认证，需将审核报告提交给认证机构，认证机构对审核结果进行综合评价，通过认证，由认证机构颁发食品安全管理体系认证证书。

（三）地理标志产品保护

地理标志产品，是指产自特定地域，所具有的质量、声誉或其他特性本质上取决于该产地的自然因素和人文因素，经审核批准以地理名称进行命名的产品。地理标志产品包括：①来自本地区的种植、养殖产品；②原材料全部来自本地区或部分来自其他地区，并在本地区按照特定工艺生产和加工的产品。

为了规范地理标志产品名称和专用标志的使用，保证地理标志产品的质量和特色，有效保护我国的地理标志产品，我国自2005年7月起实施《地理标志产品保护规定》(质检总局第 78 号令),该条例中详细规定地理保护产品申请人、保护对象、受理机构、申报条件、申报程序、标志使用等内容。

第二节 兔肉质量安全可追溯技术

可追溯系统的产生起因于食品安全危机。1996 年英国疯牛病引发的恐慌,丹麦的猪肉沙门氏菌污染事件和苏格兰大肠杆菌事件(导致 21 人死亡)使得欧盟消费者对政府食品安全监管缺乏信心,但这些也促进了可追溯系统的建立。欧盟是于 2000 年出台了(EC) No. 1760/2000 号法规(又称新牛肉标签法规),要求自 2002 年 1 月 1 日起,所有在欧盟国家上市销售的牛肉产品必须要具备可追溯性,在牛肉产品的标签上必须标明牛的出生地、饲养地、屠宰场和加工厂,否则不允许上市销售。

推广可追溯技术,不仅可以帮助消费者了解该产品的信息,增强消费者的信心,还可以帮助企业确定产品的流向,便于对产品进行追踪和管理。另外,解决了长期以来食品供应链各个环节中对食品安全的责任难以划分和明确的难题。

一、可追溯技术组成

国际标准 ISO 9001:2000 中提及了追溯问题,认为追溯是质量管理系统中的一个重要组成部分,并定义为:回溯目标对象的历史、应用或位置的能力。用在肉品中就可表示为在肉品生产的各个环节过程中,从对原材料(如兔的饲养)的生产培育、生产加工、包装、运输、销售的所有过程的记录回溯能力。追溯的信息流向为零售、仓储、运输、生产、原料,正好与物流方向相反。一般把可追溯体系分为以下环节:

1. 销售单元或者贸易单元 销售商的基本信息。

2. 运输单元 运输者基本信息、班次信息等。

3. 仓储单元 包括库存的基本信息(如库存温度、时间记录等)。

4. 生产单元 生产者的基本信息、原材料的来源、辅助材料的来源、食品添加剂信息、生产的基本信息。

5. 原料单元 应包括原料生产者的信息,每头动物建立档案(包括动物的健康状况等)。

食品供应链中的各个经营者应当建立统一的标识记录体系和数据交换体

系。在每一个产品上粘贴可追溯性标签，这些标签记载了该产品的可读性标识，通过标签中的编码可方便地到该产品数据库中查找相关的详细信息，从而实现对整个供应链各环节的产品信息进行跟踪与追溯。一旦发生食品安全问题，可以有效地追踪到食品的源头，及时实施召回，将影响和损失降到最低。

二、可追溯技术应用

近10年来，随着对食品安全的日益重视，可追溯性体系研究与建设也发展很快，国内商务部门正大力推广肉类流通领域的可追溯体系建设。目前国内已经有关于牛肉和猪肉的质量安全数字化可追溯系统示范工程运行。

构建良好的肉类产品可追溯系统必须具备动物标识、中央数据库和信息传递系统及动物流动登记三个基本要素。由于兔肉生产涉及养殖、饲料、加工、物流等许多环节，产业链长，同时肉兔个体标识不易实现，而只能采取批量识别，而且建设可追溯体系硬件、软件投入高昂，所以建设覆盖全产业链的兔肉可追溯性体系尚需时日。

第五章

兔毛皮加工技术 >>>>>

第一节　兔原料皮的生产、防腐和贮藏及质量要求

一、原料皮的生产

（一）处死与剥皮

兔的处死与剥皮详见第二章。

（二）兔皮初加工

1. 清理　将剥下的鲜兔皮用剪子自腹部中间直线细心准确剪开，剪去尾巴，用剥肉机或木制、竹制刮刀清除皮上的肌肉和脂肪，清理被毛上的泥、粪等脏物。

2. 防腐　刚从兔体剥下的生皮叫做鲜皮。鲜皮防腐是兔皮初加工的关键。关于防腐的内容在下面有详细介绍。

3. 晾晒　将圆筒兔皮从腹部中间直线用刀剖开，然后割掉后腿、头皮，贴于席子上，皮毛朝下，用手铺成长方形状，晾在地上或靠墙壁即可，不可在烈日下暴晒，以防皮板出油、变质。

4. 保管　獭兔皮晾干后还需检查整个皮张是否干透，以免霉烂。干透的皮张，可交售给收购站或回收兔皮的兔场。干燥过度的生皮难浸软。

二、原料皮的防腐

（一）原料皮腐败的主要原因

鲜皮中含有大量的蛋白质和水分，是各种微生物繁殖的良好培养基，如不及时进行防腐处理，就可能腐败。腐败的主要原因有：

1. 细菌作用　兔皮上附着有几十种细菌，在温度、酸度适宜的情况下，腐败菌会很快繁殖，使鲜皮被分解。如夏季炎热时，鲜皮经 2～3 小时即开始腐烂。

2. 酶的作用　在放置的最初几小时内，鲜皮就有自溶作用。这种作用是由皮中的酶引起的。皮中所含的酶在兔活着的时候具有促进皮组织的合成和分解作用，而且这种作用是平衡的。在兔死后，这些酶就只能促进皮组织分解，产生自溶作用。

细菌和酶都会促使皮组织分解，轻者可使生皮变质，重者则造成生皮腐败。因此，鲜皮应进行及时防腐处理。

（二）常用的防腐方法

防腐的基本原理是创造一个不适宜细菌和酶作用的环境，即降低温度、降低水分和皮的 pH。兔皮常用的防腐方法有三种：干燥法、盐腌法和盐干法。

1. 干燥法　是指不经过化学药物处理直接将鲜皮晒干，使其水分含量为12%～16%。干燥防腐操作简便、成本低、皮板清洁、便于贮藏和运输，但干燥不得法时，皮易受损害。其具体做法是：在自然干燥时，将鲜皮按其自然形状，毛被朝下，皮板朝上，贴在草席或草地上，用手铺平，晾在阴凉通风处。

2. 盐腌法　用盐量一般为皮重的 30%～50%，为了保证原料皮的质量，有时可在食盐中加入盐重 1%～1.5%的防蛀虫剂。将盐均匀撒布在皮板上，然后将撒过盐的两张兔皮的皮板相对堆叠 1 周左右，使盐溶液逐渐渗入皮内，达到防腐目的。这种防腐方法，兔皮板呈灰色，紧实而富有弹性，温度均匀，适于长时间保存。缺点是阴雨天容易回潮。

3. 盐干法　是盐腌和干燥两种防腐法的结合。即先盐腌干燥，使经盐腌后的兔皮中水分含量降至 20%以下。该法的优点：①水分变化时，生皮不会迅速腐烂。②由于盐的脱水作用，使盐腌后的皮干燥更快，不会产生硬化、折断、纤维过分黏结以及虫害等。③便于贮藏和运输。④浸水易进行。

主要缺点是吸潮性大，盐易流失；干燥时盐在纤维之间结晶，破坏纤维组织，影响真皮天然结构而降低原料皮质量。

三、原料皮的贮存

原料皮的保存也是毛皮工艺中的重要环节。因此，在保存原料皮时应注意下列问题：

（一）对仓库设施的要求

仓库应建在地势较高的地方，库内通风隔热、防潮，最适宜的相对湿度为

50%～60%，最适宜的温度为10℃，最高不超过30℃。要有充足的光线，但又要注意避免阳光直射到皮张上。库内设湿度计、温度计并定期检查。有条件则可装设空气自动调节器等。

(二) 入库前的检查

原料皮入库前要严格检查。没有晾晒干或有虫卵以及大量杂质的皮张必须剔出，经进一步处理后方能入库。

(三) 货垛要求

入库的皮张必须按等级分别堆码。垛与垛、垛与墙、垛与地面之间应该保持一定的距离，以利于通风、散热、防潮和检查。每个垛内应放置适量的防虫、防鼠的药剂。同一库房保存不同品种的皮张时，货位间要割开，不能混杂。盐干板和淡干板必须分开保管。

(四) 库房管理

加强库房管理，专人专职，定期检查，以防为主，防治结合。

1. 防潮、防霉　在阴雨天和空气潮湿时，皮张极易返潮、发热和发霉。返潮发霉皮张的皮板与毛被上产生一种白色或绿色的块，轻者有霉味，局部变色；重者变为紫黑色，板质受到损伤。因此，应加强通风，调节库内空气温度。

2. 防虫、防鼠　搞好仓库内外环境卫生，定期喷洒防虫、防鼠药剂。目前，一般采用两种杀虫方法：一种是将生虫的皮张拿到库外，在离库较远的地方，用细竹竿或藤条敲打，使皮虫落地，随即踏死，然后逐张喷洒杀虫药剂；另一种是用磷化锌熏蒸。使用后一种方法时，仓库要密封，或用一块大塑料布盖严货垛。

四、包装和运输

基层收购的原料兔皮大多数是零收整运，发运时必须重新包装。但要根据各种原料皮的特点采取不同的包装方法。

(一) 兔革皮原料皮的包装

制革原料皮的皮张，一般采用绳捆法，即将同品种、同等级的生皮捆成一捆。每捆的张数根据原料皮的张幅大小而定，一般大张幅的每捆10～20张，中张幅的每捆20～30张，小张幅的每捆50张。打捆时要毛被对毛被，皮板对皮板，层层堆码，但每捆上下两层必须是皮板朝外，最好再用席片或蒲包覆盖，然后用绳子按井字形捆紧。

（二）兔裘皮原料皮的包装

制裘兔皮张幅都较小，且皮板较薄，毛被洁净，颜色鲜艳，要避免污染和阳光照射。这类皮张品种多，规格复杂，因而在打捆时要按品种、等级、尺码大小等分别打捆，每捆10～50张，然后装入木箱或洁净的麻袋中，并撒入一定的防虫药剂。

（三）兔皮运输

必须有防雨设备，在运输之前要进行严格的检疫和消毒，以防病菌传播。

五、兔原料皮的质量要求

（一）原料皮的品质

原料皮的品质包括毛被和皮板两个部分。毛被比皮质更为重要。原料皮品质检测目前采用以感官检测为主、定量检测为辅的方法。

1. 毛被品质指标

（1）*毛被的长度和密度*　毛的长度和密度决定了裘皮的保暖性。毛绒长、密度大者为好。在鉴定毛绒长度和密度时，应以立冬后兔毛的长度和密度为标准。常以毛绒丰厚、空疏等来表示毛长度、密度的好坏。兔毛的长度因采毛的时间间隔和采毛方法而异。兔毛生长比较迅速，其中粗毛生长最快，两型毛次之，细毛最慢。兔毛的密度是指单位面积上毛纤维的根数。

（2）*粗细*　毛的粗细是指同一品种的兔的毛绒相比有粗细之别。一般细毛细针底绒足，粗毛粗针底绒疏。

（3）*颜色和色调*　毛被的天然颜色、色调和花纹决定着毛皮的价值。毛被有天然色彩是由于毛的皮质层的锭状细胞壁上含有色素的结果，它可以存在于整个毛中，也可存在于毛的局部。不同色素和色素的拼混，使毛被色彩、花纹更是多种多样，但以灰暗色为基调。当无色素时，毛呈白色。人们利用颜色和花纹将低档毛皮仿制成高档毛皮。兔皮常被用来仿制貂皮、黄鼠狼皮。

（4）光泽　毛的光泽主要由鳞片的形状、数目、排列和覆盖情况而定。化学药品或细菌侵蚀都会损伤毛，会使毛光泽晦暗、僵涩、染不成鲜艳色调，所以对外观质量有一定的影响。

（5）弹性　弹性大的毛被，经挤压或折叠后不留任何痕迹；弹性差的毛被，经挤压或折叠后毛被需要很长时间才能复原，甚至根本不能复原，即赋予制品不良外观。毛的弹性越大，成毡性能越小，毛则松散。

（6）强度　毛的强度和毛的皮质层的发达程度有关。兔毛的皮质层不发达，其强度比其他动物稍差些。冬皮毛强度大于春皮毛，湿毛强度大于干毛。

（7）柔软度　毛被的柔软度主要取决于毛干的构造、毛干粗度对毛长的比例、有髓毛和无髓毛数量的比例。兔毛柔软度较好。

（8）成毡性能　毛的成毡性能与毛所在介质的种类、浓度、pH、温度、湿润状态等有很大关系。甲醛可以降低毛的拉伸和横向变形，氧化剂、氯处理破坏了毛鳞片，也降低了毛的成毡性。成毡是毛皮加工应极力避免的现象。

（9）耐用系数　毛皮耐穿用性能与毛干强度、皮板强度和毛与皮板结合强度有密切关系。根据穿用和测试试验结果，以海獭和水獭皮的耐用系数为标准定为100，其他毛皮与其比较得出该种毛皮的耐用系数。家兔皮为20，野兔皮为5。

2. 皮板质量指标

（1）厚度　兔皮板的厚度取决于兔的品种、性别、年龄等因素。同一张皮的不同部位其厚薄也不同，一般脊背、臀部厚，两侧、腹部、腋部薄。皮板厚度随兔龄的增加而增加，公兔比母兔皮厚。一般皮板厚的毛皮强度高，质量大，御寒效果好。

（2）面积　皮板面积取决于兔的品种、年龄、性别、分布地区和肥瘦等因素，与防腐方法也有关系，如干燥防腐的毛皮其面积减少10%左右，盐干保存的皮减少6%左右，而用盐腌法保存的皮其面积几乎不改变。

（3）强度　皮板强度取决于兔的品种、宰杀季节、胶原纤维的编织特性和紧密性，脂肪层和乳头层厚度与皮的部位有关。

3. 毛和皮板结合牢度　兔毛和皮板结合牢度取决于兔的品种、毛囊深入真皮的程度、真皮纤维包围毛囊的紧密度及生皮的保存和贮存效果。另外，与宰杀季节也有很大的关系。毛和皮板结合牢度是毛皮重要的质量指标。

(二) 影响兔原料皮品质的因素

1. 剥皮季节 剥皮季节对青年兔而言影响不大，而对成年兔和老龄淘汰兔则影响较大。实践表明，剥皮季节最好选择秋末或冬季，要少剥春皮，禁剥夏皮。在前面章节已经介绍过春皮、夏皮、秋皮和冬皮的各自特点和毛皮的质量。从中不难看出冬皮的质量最好，其次依次是秋皮、春皮，夏皮质量最差。

2. 宰杀年龄 一般成年兔皮的质量比幼龄兔皮和老龄淘汰兔皮要好。4月龄前的幼兔，因绒毛不够丰满，胎毛退换未尽，毛粗绒稀，板质轻薄，商品价值不高；5～6月龄的壮年兔，绒毛稠密、色泽光润、板质结实、厚薄适中，质量最佳；老龄兔皮板质厚硬、粗糙，绒毛空疏、枯燥，色泽暗淡，商品价值很低，且毛皮品质随产仔胎次增加而逐渐下降。因宰杀年龄不当造成的毛皮缺陷均与换毛程度有关。

3. 种质因素 当品种遗传性出现不稳定或退化时，除出现异色个体外，其后代被毛中极易出现杂色、色斑、色带、锈色和吊肚等缺陷。

(1) 杂色 指被毛中掺杂有品种规定之外的颜色。杂色毛数量少、散布均匀者影响不大，数量多、呈斑点者影响较大。

(2) 色斑 指被毛中带有不同色泽、大小各异的杂色斑块，影响到毛皮产品的外观。

(3) 锈色 指绒毛表面所出现的不正常颜色，尤其以蓝色、黑色、巧克力色、青紫蓝色被毛中最易出现，老龄兔营养缺乏的个体也较多见。

4. 饲养管理和疾病 饲养管理对毛皮品质影响很大。如饲料中蛋白质不足，常导致短毛和引起毛纤维强度下降；维生素和微量元素缺乏，常导致被毛褪色、脆弱，甚至产生褪毛现象；营养不良，会引起生长受阻，体型瘦小，导致皮板面积不符合等级皮要求。在生产中，因饲养管理不当和疾病而造成的缺陷皮，主要有尿黄皮、伤疤皮和癣癞皮等。

(1) 尿黄皮 因笼舍潮湿、卫生条件差而导致兔体腹部、后躯被毛被粪、尿污染成黄棕色。轻度污染者影响皮张外观，严重者被毛脆弱易断，降低制裘的价值。

(2) 伤疤皮 因兔互相撕咬、斗殴，损伤皮板，伤口感染溃烂，愈合后成伤疤。轻者毛绒不够平整影响外观，重者因伤及皮层，制裘后多出现孔洞。

(3) 癣癞皮 因栏舍等饲养环境不良，兔体患有疥癣、兔虱等寄生虫。患有疥癣的兔，被毛缺少光泽，甚至皮肤结痂，被毛成片脱落。患有兔虱的兔，被毛粗乱、脆弱，缺少光泽。

5. 宰杀与晾晒

（1）刀洞　因宰杀剥皮技术不当造成的破残称为刀洞，划破皮板而未成洞者称为描刀。描刀深度超过 1/2 者，制裘后可能出现孔洞。

（2）歪皮　剥皮时不是从肛门处沿后腿内侧腹背分界处挑开，以至背部皮长，腹部皮短。因撑皮或钉皮用力过猛，撑拉过大，而没按自然形状晾干，干燥后后腿及腹部皮张薄如纸，极易造成折裂伤，产生折裂痕，制裘时极易破损。

（3）皱缩板　鲜皮晾晒时，由于没有展平或周边没有固定，干燥时产生皱缩。这不仅影响外观，而且捆扎时如受重压，皱褶处极易断裂，严重影响制裘质量。

6. 贮存条件　毛皮因贮存保管不当，常会出现陈皮、烟熏、油烧、受闷、霉烂、虫蛀等现象，严重影响毛皮品质。

（1）陈皮板　生皮存放时间过长，导致皮板发黄，失去油性，皮层纤维间质发生变性，被毛枯燥、缺少光泽，浸水后不易回潮，制裘后柔软度差，易产生折裂伤等。

（2）油烧板　剥下的鲜皮因未去净油脂或肉屑，又晾晒不当或受烈日暴晒，油脂溶化后渗透皮层即成油烧板，导致制裘时脱脂困难。

（3）石灰板　晾晒生皮或贮存皮张时，在皮板上撒放生石灰吸水，因石灰遇水生热而破坏皮层组织。轻者制裘后粒面粗糙，重者板面硬脆，极易折断。

（4）烟熏板　皮张在干燥、贮存期间，因烟熏时间过久，皮板枯燥发黄，失去油性和光泽，制裘后被毛光泽和柔软度很差。

（5）霉烂板　在贮存或运输过程中，皮张因雨淋受潮，或鲜皮因未及时晾晒，或晾晒未干而堆叠过久等，均可使皮张霉烂变质，影响毛皮品质。

（6）受闷皮　剥下的鲜皮因加工晾晒不及时或处理方法不当，导致皮板变质、霉烂，被毛脱落，板面变黑者均称为受闷皮。轻者局部腐烂造成损失，重者失去制裘价值。

（三）兔原料皮品质鉴定

1. 商业标准　兔皮目前以制裘皮为主，制革皮为辅。制裘皮的兔皮以毛绒丰富、平顺为主。而制革皮以皮板质地为主，其次才是毛绒。以制裘皮为主的兔皮的商业分级标准和规格要求如表 5－1。

表 5－1 兔皮的商业分级标准和规格要求

等级标准	家兔皮	力克斯兔皮	青紫蓝兔皮	山兔皮
甲级皮	毛绒丰富而平顺，色泽光润，板质良好。全皮面积需在 800 厘米^2 以上	板质足壮，绒毛丰厚平顺，毛色纯一，无旋毛（轻度旋毛降一级，严重旋毛降两级），无脱毛、油烧、烟熏、孔洞、破缝。全皮面积在 1 111 厘米^2 以上	等级规格可参考家兔皮的规格执行。面积规定在 990 厘米^2	毛细长，绒丰厚，面积在 770 厘米^2 以上
乙级皮	毛绒略薄而平顺，或色泽光润，或板质稍次于甲级皮，或具有甲级皮质量而全皮面积在 700 厘米^2 以上	板质良好，绒毛略薄而平顺，毛色统一，无旋毛，或在次要部位有轻微脱毛、油烧、烟熏、孔洞、破缝一种者。全皮面积须与甲级皮同，或具有甲级皮质量而面积在 935 厘米^2 以上	等级规格可参考家兔皮的规格执行。面积规定在 825 厘米^2	毛绒较疏空，毛丰足而面积较小，或具有甲级皮质量带小伤残者
丙级皮	平顺，或色泽、毛绒、板质稍次于乙级皮，或具有甲级、乙级皮质量而面积在 600 厘米^2 以上	板质良好，绒毛稍空薄，边肋带一两个小孔或其他伤残者，全皮面积与甲级皮同，或具有甲、乙级皮质量，全皮面积 770 厘米^2 以上	等级规格可参考家兔皮的规格执行。全皮面积规定在 660 厘米^2 以上	
等级比差	甲级皮 100% 乙级皮 80% 丙级皮 50% 等外级 25%	100% 80% 50% 25%	100% 80% 50% 25%	100% 60% 25%
颜色比差	白色为 100%，黑、灰棕、褐色为 90%，杂色为 80%	纯种兔色泽无比差，但必须在一张皮上毛色纯一，有不同毛色的皮，甲级皮降为丙级，乙、丙级皮照此类推		
品种比差		以白色家兔皮为 100%，纯种力克斯兔皮为 150%		

标准使用说明如下：

（1）*量皮方法* 从颈部缺凹处中间至尾根量其长度，选腰中部适当位置量其宽度，长、宽相乘求出面积。

（2）*降级要求* 品种退化，枪毛突出绒面者按等外皮收购，枪毛过多者则降级收购。

（3）暂不收购 由于烈日暴晒、油烧、受闷脱毛者，油浸、软脱、剪毛等无制裘价值者暂不收购。

2. 鉴定方法

（1）鉴定依据 鉴定兔毛皮品质优劣的主要依据为板质、毛绒、面积和伤残等。

板质好坏主要取决于皮板厚薄、纤维编织松紧、弹性和韧性大小及有无油性等因素。鉴定时，通常用板质足壮、板质瘦弱等表示。

①板质足壮 板质结实，厚度适中，厚薄均匀，纤维编织紧密，弹性大，韧性好，有油性。

②板质瘦弱 皮板薄弱，纤维编织松弛，缺乏油性，厚薄不均，缺乏弹性和韧性，有的带皱纹。

毛绒的长度和密度决定着皮张的保暖性能。鉴别时，通常用毛绒丰厚、毛绒空疏等表示。

③毛绒丰厚 毛长而紧密，底绒丰足、细软，枪毛少而分布均匀，色泽光润。

④毛绒空疏 毛绒粗涩、黏乱，缺少光泽，或毛短绒薄，毛根变细，显短平。

面积大小关系到皮张的使用价值，通常以原干板为标准，鲜皮、皱缩板在鉴定时应正确测量，酌情伸缩，撑拉过大的皮张一律降级或作次皮处理。

伤残缺陷直接影响到皮张的使用价值。鉴别时，应区分软、硬伤，伤残处数的多少，面积大小，分散集中程度等，全面衡量影响毛皮质量的情况。

（2）鉴定方法 鉴定兔皮质量的方法是通过一看、二抖、三摸等步骤完成。

一看就是用手捏住兔皮头部，另一手执其尾部，仔细观察毛绒、色泽和板质等。通常先看毛面，后看板面，重点观察被毛的粗细、色泽、皮板、皮形等是否符合标准，有无淤血、损伤、脱毛等现象。

二抖就是一手捏住头部，另一手执其尾部，然后用执尾部的手上下轻轻抖动毛皮。重点观察被毛长短、平整度，确定毛脚软硬。春、秋季剥制的兔皮，或宰杀、剥制、加工过程中处理不当引起脱毛的兔皮，在抖皮时都会出现毛绒脱落现象。

三摸就是用手指触摸毛皮以鉴别被毛弹性、密度及有无旋毛等。其方法是把手插入被毛，凭感觉检查其厚实程度和被毛弹性等。

第二节 兔毛皮加工工艺

一、兔毛皮准备鞣制

（一）原料皮的初步处理

1. 分路、组批 原料皮的品种繁多，各品种之间的质量差异较大，根据这些差别，首先应对原料皮进行挑选和分类，即为“分路”。把没有加工价值的原料皮挑出另行处理，而把性质相近的原料皮组成生产批，使之得到较均一的机械处理和化学处理，使成品质量得到保证。

2. 抓毛 抓毛的目的是把混乱的、粘在一起的毛梳开，以避免或减少在以后湿操作中出现锈毛疙瘩，同时去掉藏在毛被中的虚毛、草刺、尘土、粪块等。

抓毛的方法是先用浓度 60 克/升的食盐溶液（30～35℃）将皮板回潮后，用机器打毛、剪毛，使毛绒蓬松，使污物、尘土基本除去，再用抓毛机抓毛。有些厂家将干抓毛改为湿抓毛，使其抓毛质量和环境卫生状况得到明显改善。

3. 去头、腿和尾巴 原料皮大都带有头、腿和尾巴，对没有使用价值而有碍操作的应将其割去。

（二）浸水

1. 浸水目的 兔原料皮多为干板皮，少数为鲜皮。浸水的主要目的是使干燥或防腐处理过的原料皮重新充水，使之尽可能恢复或接近鲜皮状态，初步除去毛被及皮板上的污物和防腐剂，初步溶解生皮中可溶性蛋白质等。

2. 生皮在清水中的充水作用 将干皮放入清水中时，随着可溶性蛋白质的溶解及污物、防腐剂的排除，水逐渐进入皮内，使干皮吸水而逐渐增重、增厚，变得柔软，这种现象叫做生皮在清水中的充水。

3. 影响浸水的因素

（1）*原料皮的状态* 包括品种、大小、厚度、卫生状况、细菌含量、油脂含量及火炕、干枯、油透板等。其中主要是脱水程度的影响，脱水度越大，则充水越困难，所需时间也越长。

（2）*水质和水量* 在毛皮加工中水是主要的溶剂，因而水的质量对成品的影响极大。浸水所用的水要求清洁，钙盐、镁盐、细菌及其他杂质的含量要少。一般以井水最理想，因为井水不但含细菌少，而且水温终年变化不大，自来水的水质也较好。

（3）温度　浸水温度对浸水时间、成品质量都有很大影响。真皮的充水速度随温度的升高而加快，而充水度（即达到充水平衡时胶原吸收的水量）随温度升高而减少。

从充水度和细菌繁殖情况来看，浸水应在较低的温度下进行，但温度太低时皮吸水慢，就会延长浸水时间。这样会损失大量的蛋白质，降低设备的利用率。因此，在实际生产中浸水温度一般控制在 18～22℃。在这样的温度下，生皮可达到正常浸水，受细菌损伤的危险小（表 5-2）。

表 5-2　浸水温度与皮蛋白质损失和细菌繁殖

时间（小时）	温度（℃）	溶解氮量（对总氮量）（%）	1 毫升溶液中的细菌数（个）
24	4	0.070 6	0.026
24	20	0.094 7	2.254
24	37.5	0.095 8	20.8

从加速充水过程和减少皮质损失来看，升高温度可以缩短浸水时间，且损失量较少。现在毛皮的快速浸水温度控制在 30℃左右，并加入一定量的浸水助剂和防腐剂以保证皮的质量，在毛皮浸水时常用的防腐剂有酸、甲醛、漂白粉、氟硅酸钠和氯化锌等。

在使用漂白粉作防腐剂时应注意用量。卤素对毛的鳞片破坏性强。使角蛋白的胱氨酸键断裂而降低毛的强度。当有效氯的浓度大于 0.1 克/升（pH 为 8.1）时毛就受到损伤。

氟硅酸钠比漂白粉的防腐作用好，在微酸性（pH≥5.5）介质中，当溶液的浓度为 0.5～1 克/升时起作用。

（4）浸水助剂　在浸水过程中，为了加速生皮，特别是淡干皮和盐干皮的充水，缩短浸水时间，减少皮质的损失和抑制细菌生长，常在浸水液中添加一定量的浸水助剂即助软剂。可作为助软剂的有酸、碱、盐、表面活性剂、酶制剂等。酸和碱能改变水的 pH，促进可溶性蛋白质的去除，从而使生皮膨胀充水。盐类能促进可溶性蛋白质溶解及抑制细菌的繁殖。表面活性剂能降低水的表面张力，增加水的渗透速度。酶制剂能催化皮内难溶或不溶的非纤维蛋白质的水解，增加纤维之间的空隙，有利于水的渗透。

（5）机械作用　为使黏结的皮纤维松散，促进水分渗透及非胶原蛋白质的溶解，在浸水过程中适当施加机械作用有重要意义。常用的机械作用有划动、去肉、踢皮等，但有些操作应在浸软到一定程度后进行，否则强烈的机械作用会使皮纤维断裂，或使毛受摩擦而脱落。

(6) 时间 毛皮在浸水时，如果长时间转动，会使毛擀毡，特别是毛长而柔软、卷曲度大的皮更容易发生擀毡。因此，宜采用间歇转动。如1小时转动10～15分钟，毛越柔软、越纤细则间歇时间越长。一般鲜皮的浸水时间只要6～8小时，而干皮应根据原料皮的具体情况而定。

(7) 微生物 在适宜条件（如pH6.5～8，20～30℃）下，细菌大量繁殖，对皮的质量有很大的影响。

(三) 脱脂

1. 脱脂目的 兔原料皮内存在一定的脂肪，如果这部分脂肪不除去，会影响到后工序操作。为了制得高质量的毛皮，毛皮经鞣制后还要进行加脂，脱去的脂类是存在脂肪细胞中的，它起不到润滑纤维的作用；而加入的脂类存在于纤维之间，可润滑纤维，使皮耐折、皮板柔软、手感好、强度增加。

2. 脱脂方法 毛皮脱脂的方法主要分为机械脱脂法和化学脱脂法两种。

(1) 机械脱脂法 机械脱脂法主要是使用去肉机除去皮下层大量脂肪，使游离脂肪和脂腺受到机械挤压而遭破坏，油脂被压出而被除去。机械脱脂法一般与化学脱脂法联用，从而大大降低脱脂剂用量，且脱脂效果好。

(2) 化学脱脂法 化学脱脂法是使用脱脂剂对油脂进行皂化、乳化或水解而除去油脂的方法。此法一般在划槽或转鼓中进行。

①皂化法 皂化法是利用碱皂化皮内、外以及毛被上的油脂，生成的产物为肥皂和甘油。纯碱虽然碱性较弱，但也很少单独用来脱脂，一般是用0.5～1.5克/升纯碱和表面活性剂结合使用，脱脂效果更好。

②乳化法 是毛皮脱脂使用最多的一种方法，其原理是利用表面活性剂分子的“两亲结构”，改变油和水之间的表面张力，产生乳化、分散作用，使油转变为亲水油粒，分散在水中，借助水洗除去油脂。兔毛皮脱脂中常用的表面活性剂有肥皂、洗衣粉、洗涤剂等。

③水解法 利用脂肪酶在一定温度、浓度和pH下处理生皮，使脂肪水解成甘油和脂肪酸而达到除去脂肪的目的。水解法在兔皮脱脂中尚未使用。

④溶剂法 利用油脂溶于有机溶剂的性质而进行脱脂，如用煤油、汽油、三氯乙烯等溶剂。这种方法一般在鞣制后进行，脱脂效果好，效率高，可以缩短生产周期，提高产品质量，可回收溶剂和脱下的油脂。

(四) 去肉

1. 去肉工序　生皮去肉只有在充分浸水的情况下，才能尽量保持皮形完整，不容易破口、破皮等。因此，进行去肉的生皮必须经过充分的浸水和复浸。但一些厚而坚实的皮，由于被肌肉层和脂肪层所阻碍，要充分地浸软和除去可溶性蛋白质是非常困难的，必须依赖机械去肉除去这些障碍物。同时，由于机械的刮软作用，对于补充浸水更为有利。

2. 去肉设备　用于兔皮去肉的机械主要是小型去肉机。其主要结构是一根轴上固定有20片钢制螺旋刀片，刀片方向是由轴的中心向两端分开，按左旋和右旋两方向排列，每边10片。刀轴转速是1 800～2 000转/分，刀轴的有效宽度一般为330毫米，其工作原理是踩压脚踏板托上橡皮轴，把皮送到刀轴上。

(五) 酶软化

1. 目的　酶软化的目的在于进一步溶解纤维间质，使皮柔软，呈现多孔性，以利于鞣剂均匀渗透与结合；分解皮内油脂，改变弹性纤维、网状纤维和肌肉组织的性质，使皮柔软并具有一定的可塑性；进一步改变胶原纤维的性质和结构，适度松散纤维，使成品具有一定的弹性、透气性和柔软性。总之，通过软化，皮的成品柔软、出材率大、质量轻。

2. 酶软化的实质与软化剂　软化主要是用蛋白质分解酶对皮蛋白质进行作用，使皮松软。一般认为酶水解皮内的纤维间质，使胶原纤维束进一步松散，同时使弹性纤维、网状纤维和肌肉组织变性，以达到软化的目的。用于毛皮软化的材料较多，可分为两大类，即天然软化剂和人造软化剂。天然软化剂是用面粉或糠等进行发酵后处理毛皮，称为发酵软化。人造软化剂指蛋白酶。

(六) 浸酸

浸酸方法有强浸酸、弱浸酸、阶段浸酸、联合浸酸以及酶浸酸等。

强浸酸是指蛋白质完全吸酸，吸收量为每千克干皮0.8～1.8摩尔，一般使用无机酸（硫酸、盐酸）居多；弱浸酸蛋白质吸收酸量为每千克干皮0.3～0.5摩尔，多采用有机酸。弱浸酸优于强浸酸。

阶段浸酸是将酸分次加入进行浸酸，阶段浸酸的第一阶段用低浓度的酸液（1～3克/升，醋酸），第二阶段用高浓度的酸液（8～9克/升，醋酸）。通过阶段浸酸的皮胶原纤维的结构比一般浸酸的皮要好。但工艺复杂，所需时间长。

联合浸酸是先用有机酸浸酸，再用无机酸浸酸。有机酸浸酸时，pH 控制在3.5～4.5，有机酸对真皮层中纤维间质有分散作用并洗去黏蛋白，促进微纤维的分散，体现了有机酸浸酸的全部优点。无机酸浸酸时，对皮纤维有补充分散和脱水作用，对皮板起到成型作用，提高毛和真皮层的结合牢度，减少裂面。

二、兔毛皮鞣制

鞣制是用各种鞣剂来处理生皮，使其与毛皮有关基团反应。鞣制后的毛皮变成了熟皮，具备下列特征：真皮耐水、耐热性提高，对外界环境的抵抗能力增加，干燥状态下真皮的黏结性和体积的收缩度减少，毛和真皮的结合牢度几乎不变。

（一）铬鞣

1. 铬盐的鞣性　铬的化合物很多，其化合价有六价、五价、三价和二价。六价的铬化物具有强氧化性，不能用来鞣制皮板，五价和二价铬化物也没有鞣性。只有三价的铬化合物在一定的条件下具有优良的鞣剂性能，如氯化铬和硫酸铬中的铬都是三价，但没有鞣剂特性，氢氧化铬不溶于水，也不具有鞣剂性质。含羟基的氯化铬或硫酸铬具有鞣剂性质，其所含羟基数目的多少影响其鞣制性能的好坏，羟基数越多，鞣性越好。

2. 铬络合物的碱度及铬鞣液的碱度

（1）铬络合物的碱度　鞣皮的铬络合物，主要含水、羟基和酸根的多配聚络合物，中性铬盐没有鞣性，只有碱式铬盐才具有鞣性，碱式铬盐鞣性的强弱与其所含的羟基数目有关，一般用碱度来表示。

（2）铬鞣液的碱度及其测定　铬鞣液的碱度可以通过酸度来测量。

即：

碱度＝100－酸度而酸度通过下面公式计算：

$$酸度（\%）=\frac{酸根总价数}{铬原子价总数}\times 100$$

测定酸度时，可以用氧化还原法测出总酸量，再以酚酞做指示剂，用酸滴定鞣液的总酸量，然后进行计算。用这种方法测得的酸当量不仅包括铬络合物内界的酸根。还包括游离酸根。因此，测出的酸度偏大，而计算出的碱度比理论上的值小一些。

（3）铬鞣液碱度的调整　在毛皮生产中经常要用到不同碱度的鞣液，因而常常要对已配好的鞣液进行碱度调整。如果要提高碱度，则用纯碱来调整。要降低碱度，则用硫酸来调整。

如果1升鞣液中含有 y 克三氧化二铬（Cr_2O_3），则降低碱度时，每升溶液加入硫酸的量 x 为：

$$x=0.0194\times y\times(c-a)$$

式中 0.019 4——计算系数；

a——要达到的碱度；

c——原始鞣液的碱度。

若要提高碱度，每升溶液中加入纯碱的量 z 为：

$$z=0.021\times y\times(a-c)$$

式中 0.021——计算系数；

a——要达到的碱度；

c——原始鞣液的碱度。

调整碱度也可以用表5-3和表5-4来计算。

表5-3 提高铬盐鞣液碱度时纯碱用量计算表

碱度（%）	纯碱的用量（按铬矾或红矾重量的百分数计）			
	硫酸铬钾（钾铬矾）	硫酸铬钠（钠铬矾）	重铬酸钾（红矾钾）	重铬酸钠（红矾钠）
30	9.57	9.72	32.46	32.64
31	9.89	10.04	33.54	33.11
32	10.21	10.37	33.62	34.18
33	10.53	10.69	35.71	35.24
34	10.85	11.02	36.79	36.31
35	11.17	11.34	37.87	37.38
36	11.48	11.66	38.95	38.44
37	11.80	11.99	40.03	39.52
38	12.12	12.31	41.12	40.58
39	12.44	12.64	42.20	41.65
40	12.76	12.96	43.23	42.72
41	13.08	13.32	44.36	43.79
42	13.40	13.61	45.44	44.86
43	13.72	13.93	46.53	45.92
44	14.04	14.26	47.61	46.99
45	14.36	14.58	48.69	48.06

表 5-4　降低铬盐鞣液碱度时硫酸用量计算表

碱度	硫酸的用量（按铬矾或红矾重量的百分数计）			
	硫酸铬钾（钾铬矾）	硫酸铬钠（钠铬矾）	重铬酸钾（红矾钾）	重铬酸钠（红矾钠）
30	8.85	9.00	30.0	29.64
31	9.15	9.30	31.0	30.63
32	9.44	9.60	32.0	31.62
33	9.74	9.90	33.0	32.60
34	10.03	10.20	34.0	33.59
35	10.33	10.50	35.0	34.58
36	10.62	10.80	36.0	35.57
37	10.92	11.10	37.0	36.56
38	11.21	11.40	38.0	37.54
39	11.51	11.70	39.0	38.53
40	11.80	12.00	40.0	39.52
41	12.10	12.30	41.0	40.51
42	12.39	12.60	42.0	41.50
43	12.69	12.90	43.0	42.48
44	12.98	13.20	44.0	43.47
45	13.28	13.50	45.0	44.46

下面举例说明表 5-3 的使用：

例 1. 假设用钾铬矾和纯碱制备碱度为 40%的铬鞣液，在表 5-3 中第一纵行查到 40，然后在第二纵行内查得与 40 同横行的数字为 12.76，即表示 100 份钾铬矾和 12.76 份纯碱可以配成 40%的鞣液。

例 2. 取 100 千克重铬酸钾制备铬鞣液，其碱度为 30%，现要把碱度调到 33%，需要加入的纯碱量可以从下面的计算得到。

在表 5-3 第一纵行查 33，在第四纵行查出相应的纯碱量为 35.71，再在第一纵行查 30，在第四纵行查出相应的纯碱量为 32.46，两者的差数为 3.25，即需要加入的纯碱量为 3.25 千克。

举例说明表 5-4 的使用：

例 1. 假设用钾铬矾制备碱度为 45%的铬鞣液，调整至碱度为 40%，则需要加入的硫酸量为：在表 5-4 第一纵行查 45，在第二纵行查出硫酸的用量为 13.28，再在第一纵行查 40，第二纵行查出相应的硫酸用量为 11.80，两者的差数为 1.48，即每 100 份钾铬矾加入 1.48 份硫酸，可使其碱度调至 40%。

例 2. 假设用红矾钠制备的铬鞣液碱度为 42%，现在将其调整为 32%，求硫酸的用量。由表 5-4 第一纵行查 42，第五纵行查得相应的硫酸用量为 41.50，再在第一纵行查 32，第五纵行查得相应的硫酸用量为 31.62。两者的差数为 9.88，即按每 100 份红矾钠加入 9.88 份硫酸可使其碱度调至 32%。以上计算都是按照原料的纯度为 100%计算的，在实际生产中，原料都含有一定的杂质，纯度达不到 100%，所以应根据实际的含量来计算。

3. 铬鞣液的配制　铬鞣液是用重铬酸钾（钠）或铬矾配制的。下面就介绍用重铬酸钾（钠）配制鞣液的方法。

用重铬酸钾（钠）配制鞣液是毛皮生产中最常用的方法，它是将重铬酸钾（钠）溶解后，加入硫酸，再加入还原剂制成的。葡萄糖是常用的还原剂，还有二氧化硫、硫代硫酸钠、亚硫酸钠等。

（1）葡萄糖还原法　重铬酸钾（钠）、硫酸和葡萄糖之间的反应为：

$$4Na_2Cr_2O_7+12H_2SO_4+C_6H_{12}O_6 \rightarrow 8Cr(OH)SO_4+4Na_2SO_4+14H_2O+6CO_2$$

从上述反应式不难看出，生成的碱式铬盐正好适合鞣制的需要，其碱度为 33.3%，重铬酸钠与硫酸的比例是 1∶3，由于重铬酸钠含两个结晶水，其分子量与 3 分子硫酸的分子量相当，因此所需的重量相当。工业用红矾钠的纯度一般为 95%～98%，66 波美度硫酸的纯度为 93.19%，一次制备时可以用等量。

根据碱度的概念，制备鞣液时硫酸用量的多少直接关系到鞣液碱度的高低，生产中有时需要配制一定碱度的鞣液。因此，要计算硫酸的用量，就要找出硫酸和碱度之间的比例关系。根据计算得出下列的关系式：

$$n=133.3-a \quad (1)$$

$$n=132-a \quad (2)$$

式中　a——铬盐鞣液规定的碱度；

n——每 100 份重量单位的 100%红矾钾［(1)式］或红矾钠［(2)式］所需 100%硫酸的分量。

上述式子只有在鞣液中没有其他酸存在的情况下才可行。实际上有机还原剂常常因氧化不完全而形成中间产物（有机酸），使碱度降低。实践证明，将葡萄糖加入重铬酸盐和硫酸的热溶液中所得到的鞣液的碱度比理论值要低 3%～4%。以上的计算是把硫酸、重铬酸盐的纯度都看作 100%，而在实际操作中应考虑工业原料的规格，加以调整。

配制铬鞣液时，先将红矾钠倒入耐酸容器中，用热水使其全部溶解，再将所需的硫酸慢慢加入并搅拌，再加入葡萄糖水溶液，搅拌。容器内液体的体积不超过容器体积的1/3。否则，反应过程中体积膨胀容易溢出容器，造成危险和浪费。反应温度控制在90℃为宜。红矾在还原反应过程中，溶液颜色不断改变，由橙而褐，再黄绿而草绿，最后变成青绿色。判断还原反应是否完成的方法：取几滴铬鞣液放入试管中，用蒸馏水稀释，然后加入几滴盐酸和10%的碘化钾，静置片刻，再加入数滴10%的淀粉溶液，如果溶液呈青蓝色，说明反应不完全，应继续还原。

在配制鞣液过程中应注意安全，因为在上述反应中会产生一些对人体有害的气体，所以应注意通风，另外，重铬酸钠的水溶液有毒性，操作时应倍加慎重。

(2) *硫代硫酸钠还原法* 此法是以硫代硫酸钠（俗称海波、大苏打）为还原剂，其反应式为：

$3Na_2Cr_2O_7+8H_2SO_4+4Na_2SO_3 \rightarrow 6Cr(OH)SO_4+6Na_2SO_4+Na_2S_4O_6+5H_2O$

硫代硫酸钠与重铬酸钠的用量之比是111∶100，反应在常温下进行。硫代硫酸钠带5个结晶水，其工业级的纯度规格为96%以上。

(3) *用铬矾配制铬盐鞣液* 使用铬矾比使用红矾简便，可以省去还原工序。铬盐溶解后，加入氢氧化钠或碳酸钠，都可以形成碱式铬盐，用下式表示：

$Cr_2(SO_4)_3+2NaOH \rightarrow 2Cr(OH)SO_4+Na_2SO_4Cr_2(SO_4)_3+Na_2CO_3+H_2O \rightarrow 2Cr(OH)SO_4+Na_2SO_4+CO_2$

铬矾分子中带24个结晶水，计算时应将水包括在内，一般用纯碱。纯碱的用量应根据所需要的碱度对照表5-6进行计算。配制时铬矾和纯碱分别溶解，然后将纯碱直接加入铬矾溶液中，但加入的速度必须非常慢，而且要不停搅拌。由于铬矾的成本比红矾高，在实际生产中多采用红矾来配制鞣液。

铬盐鞣皮是铬络合物和蛋白质作用的过程，由于参与反应的物质结构复杂，目前还没有完整的理论来解释其机理。

4. 铬鞣的质量检查

(1) *质量问题* 铬鞣时，除了控制鞣液的碱度、温度、pH、浓度等外，还要对铬鞣皮进行质量检查。铬鞣皮的颜色应为浅蓝色。出现下列颜色都存在着问题：

①皮板颜色深绿，表面粗糙说明皮的表面可能过鞣，造成的原因是在鞣制阶段表面过鞣，铬进入皮的内层较少，结果表面粗糙板硬；在鞣制过程中提高碱度不当，铬盐沉淀在皮的表面而成。

②皮板颜色略显透明的灰绿，可能是在初鞣阶段有酸肿现象发生。这种皮板质地较硬，同时容易出现裂面现象。

③皮板颜色灰暗，面积缩小，皮脆易撕破，这可能是皮板被烫伤所致。这种皮板硬而脆，物理性能较差。

(2) 质量检查

①铬鞣皮的收缩温度　鞣制结束前测定皮的收缩温度，当收缩温度低于70℃时应调整鞣液的浓度、碱度等继续鞣制，收缩温度过低的皮不仅不能满足后面工序的要求，而且成品薄而硬，整理操作比较费时。

②捏白试验　鞣制完成的皮四折叠起，用力挤压，折的部分应该脱水而呈白色，发白的面积不应很小，发白表明鞣制达到了要求。若脱水不好，不呈白色，皮在干燥状态后，纤维会紧密黏结在一起，皮板发黑，产生这种情况应该补充鞣制。

③晒干检查　取铬鞣皮一小块，水洗后放在阳光下晒干，如果呈天蓝色，皮面积略有收缩，容易开展并且柔软，则表明鞣制正常。

④毛被颜色　铬鞣的毛皮、毛被应保持其天然颜色，毛被洁净、有光泽。若毛被发绿，表明鞣制过程中，铬鞣液的碱度过高，产生氢氧化铬沉积在毛上，用清水很难洗掉，影响毛被美观和灵活性。

5. 铬鞣的中和与水洗　铬鞣后的毛皮，其皮板的酸度高，pH 为 3.8～4.2，必须通过中和作用除去皮中残存的游离酸和与胶原结合的部分酸，促进铬盐与胶原进一步结合，进而增加成品的柔软性和丰满性。中和后的成品皮长期存放不会出现因酸的作用而导致的皮纤维损坏发脆的现象。毛皮铬鞣后，毛被上残存和结合一部分铬鞣剂，通过水洗，可除去毛被上的浮铬，尽量保持毛被原有色彩。水洗还能除去皮内的中性盐，可以避免返潮冒水的现象。中和往往与鞣制后的漂洗联合进行，常用的材料是洗衣粉等表面活性剂。

(二) 醛鞣

在化工材料中，部分醛类如甲醛、乙醛、戊二醛等具有鞣性，其中甲醛和戊二醛常用于毛皮的鞣制。甲醛的鞣性最强，而戊二醛的鞣制效果最好。

1. 甲醛的性质　甲醛属于极强烈的鞣剂，甲醛鞣毛皮的收缩温度可达到90℃，耐高温。甲醛鞣皮的收缩幅度和面积缩小的程度比其他鞣皮小。而且甲醛鞣皮的毛皮色白、质轻，耐汗、耐水。但甲醛鞣皮可能出现粒面层紧缩和可塑性降低。

因为甲醛有防腐和耐氧化剂的作用，所以在处理被细菌侵蚀过的皮和需要过氧化氢漂白毛被时用甲醛鞣制较合适。

2. 甲醛鞣的特点　甲醛鞣的毛皮色白，且耐碱、耐氧化。由于甲醛鞣毛皮耐碱，所以可以使用碱溶性染料染色，它的耐氧化作用对染色前或染色过程中用氧化剂处理的毛皮的染色是特别有利的。醛鞣毛皮耐汗，对金属器具的腐蚀比铬鞣要小。

甲醛的鞣制速度比其他鞣剂要快，且收缩温度高（80～90℃）。将甲醛鞣皮在水中加热到80～90℃后，会出现显著收缩，弹性增加，但强度变化不大；降低温度，可以完全恢复受热前的状态。甲醛鞣的缺点是降低了染料结合的牢固度。

3. 影响因素

(1) pH　鞣液pH对甲醛鞣的影响很大。在实际生产中，pH应控制在8.0～8.5（表5-5、表5-6）。调整pH一般用纯碱，不能用氨水。

表5-5　甲醛鞣制兔皮在不同pH下的收缩温度

pH	在不同甲醛浓度下的收缩温度（℃）		
	0	0.5克/升	2克/升
1.8	42	44	52
2.5	45	46	56
4.7	48	51	65
5.0	55	64	69
7.0	65	73	83
8.4	66	81	87
10.0	68	88	90
10.9	67	89	91

注：工艺条件为食盐30克/升，24小时，25℃。

表5-6　鞣制兔皮的pH对皮板物理力学性质的影响

指　标	鞣制pH			
	4.7	7.0	8.4	10.4
平均厚度（毫米）	0.36	0.40	0.40	0.44
断裂负荷（牛）	32.3	39.6	43.6	36.3

（续）

指　标	鞣制 pH			
	4.7	7.0	8.4	10.4
抗张强度（兆帕）	18	22	22.6	17.1
在 5 兆帕张力作用下				
伸长率（%）	29	29.5	31.5	33
残留伸长率（%）	20.5	22	23.5	23
可塑性系数	0.706	0.745	0.745	0.700
收缩温度（℃）	50	59	68	72

注：工艺条件为甲醛浓度 2%，25℃，8 小时。

（2）浓度　表 5－7 列出了甲醛浓度对兔皮收缩温度的影响。从中可以看出，当甲醛浓度达到 1.25 克/升时，收缩温度也达到最大（73～89℃）。如果再提高甲醛的浓度，收缩温度增加很小。因此，在保证达到预定的收缩温度指标和留有一定安全系数的情况下，甲醛浓度（40%）为 5～6 克/升较理想。

表 5－7　不同浓度的甲醛鞣制的兔皮对收缩温度的影响

甲醛溶液（克/升）	不同 pH 下的收缩温度（℃）		
	7.0	8.4	10.9
0.25	66	67	73
1.25	73	81	89
2.5	79	84	90
5	83	87	90
25	85	88	89
125	88	89	90
250	89	91	91

注：工艺条件为食盐 30 克/升，25℃，24 小时，液比 20。

（3）温度　温度对甲醛鞣制兔皮的收缩温度影响不明显，但对皮板的柔软性、丰满度影响较大。温度低于 20℃，甲醛在皮层内分布不均匀，皮板特别是背脊处变硬；超过 40℃，甲醛挥发量大，对人体健康有有害，皮板的强度也会降低。一般以 35℃为宜（表 5－8）。

表 5-8 温度对甲醛鞣制皮的收缩温度、甲醛吸收量的影响

温度（℃）	收缩温度（℃）	皮板吸收甲醛量（%）	毛被吸收甲醛量（%）
15	87	0.42	0.23
20	87.5	0.60	0.35
30	88	0.95	0.60
45	89	1.30	0.78

注：工艺条件为液比 20，pH8.4，甲醛（40%）5 克/升，24 小时。

（4）时间 延长鞣制时间，可以增加甲醛的结合量。鞣制过程中皮板对甲醛的吸收量比毛被高，但是甲醛在皮板中分布不均匀（表 5-9）。

表 5-9 鞣制时间对收缩温度、甲醛吸收量的影响

时间（小时）	收缩温度（℃）	皮板吸收甲醛量（%）	毛被吸收甲醛量（%）
2	80	0.37	0.21
4	82	0.54	0.30
8	85	0.63	0.36
12	87	0.78	0.44
24	90	0.82	0.48
48	90	1.0	0.53
28（天）	—	1.25	—

鞣制过程中一般还要加入中性盐（食盐或芒硝），以防皮发生肿胀。由于甲醛鞣制是在碱性介质中进行的，故甲醛鞣兔皮时有过量的碱和游离的甲醛，可以用硫酸及其铵盐进行中和。

（三）结合鞣

结合鞣是指将两种或两种以上的鞣制方法结合起来应用的方法。结合鞣可以弥补单一鞣制中的不足，同时还加速鞣制过程，缩短鞣制时间，提高成品的质量。

鞣液的配制：在绝大多数情况下，溶液中铬盐和铝盐的质量比为 1∶1。鞣制和静置后用水清洗，再干燥分析。鞣制规程和成品中鞣剂的含量如表 5-10 所示。

表 5-10 各种鞣制方法及其鞣液特征

鞣制方法	鞣制时间（小时）	皮板吸收甲醛量（%）				溶液碱度（%）				含量对皮重（%）	
		最初的		废液的		最初的		最终的			
		Al_2O_3	Cr_2O_3	Al_2O_3	Cr_2O_3	铝	铬	铝	铬	Al_2O_3	Cr_2O_3
铝-铬混合鞣	24	3.35	2.89	—	2.30	28.9	—	—	—	0.660	0.69
铬鞣后用碱性明矾复鞣	48	2.75	3.12	2.15	2.65	25.6	32	4.22	25.3	0.520	0.34
用碱性明矾预鞣后铬鞣	48	2.60	3.11	2.21	2.21	26.5	32	13.60	22.8	0.130	1.19
用碱性铝明矾鞣铬鞣	24	2.60	—	2.21	—	26.5	—	13.60	—	0.168	—
铬鞣	24	2.65	—	—	2.65	—	32	—	25.3	—	0.30
用明矾预鞣后铬鞣	48	2.56	1.98	2.56	1.98	2.5	32	1.98	19.7	0.220	1.40

注：工艺条件为液比 1∶6，溶液温度 20℃。

由表 5-10 可知：铝-铬结合鞣可促进鞣制过程，当铝盐与铬盐的比例为 1∶1 时，皮吸收两种鞣剂的量接近，但比用单一鞣剂时的吸收量要多。在结合鞣中，与皮中蛋白质不可逆结合的铝盐量是最多的。铬盐和铝盐鞣液的添加顺序不同，对鞣制的效果有影响。如在铬鞣前先用碱性铝盐处理皮张，铬鞣时鞣制作用显著加强，与蛋白质结合的铝盐要被铬盐取代而使其吸收量降低，铬盐的吸收量达到最大值。先铬鞣后铝鞣则结果与上述相反，铝盐的吸收量达到最大值，铬盐的吸收量却大为降低。

不同结合鞣得到的皮板的物理力学性质没有明显的差别，但耐热性却存在显著差别：结合鞣比单一鞣收缩温度高，其中先铝盐预鞣再铬鞣的皮收缩温度最高。上述各种鞣法制得的皮在感官上存在着明显差别（表 5-11）。

表 5-11 各种鞣制方法制得的皮的皮板特征

鞣制方法	皮板特征
铝-铬结合鞣	柔软、色淡、疏松、可塑性差
铬鞣后用碱性铝明矾复鞣	色淡、光滑、柔软
先碱性铝明矾鞣后铬复鞣	丰满、沉重、污点多、深蓝色
用碱性铝明矾鞣	色白、疏松、可塑性差
铬鞣	光滑、柔软、呈淡蓝色

（四）复鞣

复鞣是鞣制的补充和发展。复鞣技术在产品的精加工和深加工中日显重要。

1. 复鞣目的

(1) 补充鞣制的不足　对于要求高温染色的产品，需要用铬鞣复鞣处理。

(2) 给予毛皮产品新的性质和提高产品的质量　通过复鞣使毛皮皮板更加丰满、柔软，减少松面，绒头更细、更不易掉毛以及防水、耐汗、改善手感等，使质量明显提高。

(3) 有利于染色加脂和后工序操作。

2. 复鞣剂种类　复鞣是对已鞣制过的毛皮再进行鞣制。能单独用于鞣制的鞣剂原则上都可以作为复鞣剂。复鞣还可以赋予毛皮一些新的性能。按照结构分类，复鞣剂可分为五大类：矿物鞣剂、植物鞣剂、合成鞣剂、醛鞣剂和树脂鞣剂。目前用得较多的复鞣剂是铬复鞣剂、铝复鞣剂、醛复鞣剂、合成复鞣剂以及树脂复鞣剂等。

戊二醛与铬鞣剂具有较好的相容性，二者混合也不会发生反应。它们都随pH的升高，鞣制作用增强，故用戊二醛复鞣铬鞣过的毛皮是比较理想的方法。经过戊二醛复鞣的毛皮，具有较强的耐汗性、耐洗性和耐氧化性，质轻柔软，匀染性能好，皮干燥后面积变化小。

3. 复鞣的措施　目前鞣制的坯皮主要有硝面鞣、甲醛鞣、铬鞣和铬-铝鞣几种类型。经过复鞣制作的深加工、精加工产品有毛革两用皮、剪绒皮、印花皮等。因此，当产品品种确定后，就要选择与该产品相匹配的鞣制坯皮、复鞣剂和复鞣工艺，这样才能保证产品的质量和正常生产。此外，还应考虑复鞣剂使用是否方便、价格的高低、耗能情况和环境保护等问题。

影响鞣制的因素和操作均适合于复鞣。但也有些需要注意的问题。

(1) 复鞣剂对毛被的负面影响越小越好　即毛被的外观性能不受或基本不受复鞣剂的影响，同时又要保证复鞣的质量和效果。因此，对复鞣剂的品种和用量，必须通过试验选择合理的配方、适宜的用量及其他条件。

(2) 复鞣时液比要合理　一般采用小液比，多次投入的方法，原因在于小液比复鞣剂浓度高，机械作用强，有利于渗透、吸收和均匀分布。同时，小液比也降低了废水的处理负担。

(3) 溶液pH直接影响阴离子型复鞣剂的收敛性　在大液比的条件下，这种影响更为显著。一般随着pH的增加，收敛性降低，与皮板结合牢固度降低，但渗透能力增强，不会造成表面过鞣。而降低pH则使结合能力增加，处理不好会造成表面过鞣。对阳离子型复鞣剂则刚好相反。因此，在复鞣时应避免pH发生过大的变化，所用材料尽量温和、缓慢、均匀。

(4) 复鞣剂所带电荷对复鞣的影响　当复鞣剂所带电荷与坯皮所带电荷相

反时，应先中和以降低革面电荷，然后再进行复鞣。如果同时使用几种电荷不同的复鞣剂，应先用与坯皮电荷相等或相近的复鞣剂复鞣，再用电荷相差较大的复鞣剂。如果同时使用几种阴离子型复鞣剂，则应先用分子较小的、鞣性较弱的复鞣剂，再用分子大、鞣性强的复鞣剂，避免造成复鞣不均。

三、兔毛皮的加脂、干燥和整理

加脂又称加油。通过加脂可以明显地改善毛皮成品手感，提高其物理力学性能，是增加使用价值的重要工序之一。毛皮加脂应用范围较广，既可以在染色后加脂，也可在浸酸、鞣制前或后加脂；可以一次加脂，也可多次加脂。加脂所用的材料称为加脂剂。

（一）加脂剂

1. 毛皮中常用的天然油脂

（1）动物油脂

①牛脂　是将牛的脂肪组织用直接或间接的方法熔出的油脂，白色，无臭，无味，熔点40～50℃。

②羊脂　性质与牛脂相近，易产生腐败气味。羊脂中脂肪酸组成为：豆蔻酸2%～4%，油酸36%～43%，棕榈酸25%～27%，亚油酸3%～4%，硬脂酸25%～31%。

③猪脂　工业用猪脂是将生皮去肉或修边或剖层所得皮渣、碎肉经熬煮而得，熔点为24～40℃。

④牛蹄脂　是将牛蹄去掉脚爪壳后经洗涤、熬煮而得。凝固点为－6～－2℃，颜色浅，不易腐败，无臭，是最好的加脂剂之一。

⑤鲸鱼油　用高压蒸汽从鲸鱼的脂肪层制取，金黄色，碘值112～131，高度不饱和。

⑥海豹油　色泽从浅黄色到棕色，含4个以上的双键，碘值122～162。

⑦鳕肝油　棕色，有鱼腥味，碘值140～181。

⑧羊毛脂　碘值15～47，熔点39～42℃。

（2）植物油脂

①蓖麻油　淡绿色，凝固点－10～－18℃，碘值81～90，经硫酸化后是很好的毛皮加脂材料和涂饰剂。

②菜子油　碘值94～106，经硫酸化后与其他油脂拼混使用。

③花生油 含41%～56%油脂，凝固点为-3℃，常用于毛皮表面涂油。

④棉籽油 黄褐色，凝固点2～4℃。

⑤亚麻油 碘值174～202，具有良好的干性，能形成弹性且坚固的薄膜。

2. 矿物油加脂剂和合成加脂剂

(1) 矿物油加脂剂

①机油 5～90号机油不溶于水，而溶于苯、醚等有机溶剂。将矿物油与天然油脂拼混使用，能促使天然油脂均匀渗透到革内层结合，但制造毛革时可使毛被光泽灰暗并能导致涂层脱落。

② 凡士林 由浅色石油制取的白色至黄色浆状物，主要成分为16～32碳原子的烷烃和部分烯烃，可拼混使用。

③纯地蜡 主要成分为石蜡的异构物，是用浓硫酸处理粗地蜡制成，白色至淡黄色，拼混使用。

(2) 合成油脂

①合成牛蹄油（氯代烷） 不溶于水，性质稳定，对光线、空气的作用稳定。

②合成加脂剂 是将氯代烷和烷基磺胺乙酸钠混合，其中烷基磺胺乙酸钠作为乳化剂，氯代烷起加脂作用。

③多性能加脂剂 既有加油效应，又有鞣制作用。

3. 防水处理 防水效应以不损害毛皮产品吸水性、透水汽性、延伸性等前提下，增加毛皮产品的防水、拒水性能。防水工艺要求毛皮前处理有特殊要求。要充分利用鞣剂和复鞣剂，使皮的吸水能力降低，尽可能减少亲水性物质，使鞣剂与皮板牢固结合，有利于防水。

为了防止透水，用大量无活性的化合物填充在皮纤维中，并用少量活性化合物固定于纤维上，产生憎水的外层。无活性憎水物质有蜡、饱和脂肪酸、氯化石蜡等。如果使加脂产品有一定的抗水性，常在加脂剂中加10%～20%的氯化石蜡。活性物质是指能与皮板作用，又能使皮板憎水的化合物，常用的是脂肪酸盐类、硅化物、氟化物等。

(二) 毛皮加脂方法

1. 涂刷法 即把搅拌均匀并预热的乳液涂于皮板上。加脂前最好刮软，以促进乳液在皮板上的渗透。这种方法可以避免毛被污染，但由于是手工操作，费时、费工。

2. 浸泡法 即将毛皮浸入加脂液中进行加脂。此法简便，工效高。浸泡加脂应在碱性条件下进行，一般 pH 在 8.4 左右为宜。若在酸性条件下进行，毛被会吸附大量的加脂剂。加脂剂的吸收在 30～40 分钟内就可完成，之后为了消除皮板可能发生的膨胀，常加入食盐（30～50 克/升）。提高温度可以促进乳液的吸收，常将温度控制在 40℃。

（三）干燥

1. 干燥目的　干燥是为了除去湿毛皮中过多的水分，使其便于后工序的操作。经过鞣制、加脂的毛皮水分含量都在 60％以上，而成品毛皮要求的水分含量为 12％～18％。另外，湿毛皮由于水分含量大，可塑性强，皮纤维不定型，无法进行机械操作。干燥脱水后，皮纤维编织定型，便于整理操作。在干燥过程中，由于水分被除去，皮内的鞣剂、染料和油脂等的活性基团更好地与纤维结合，油乳液破乳更完全，分布更均匀。

2. 干燥方法

（1）自然干燥　是将兔毛皮平放在地面或将其悬挂在杆上，借助空气的自然流动，将皮内水分带走而达到干燥的方法。这种方法设备简单，操作容易，成本低。但受季节和天气的影响很大，皮干燥的程度和干燥的周期差别很大。在自然干燥过程中，先将皮板干燥至七成干，然后再翻过来晾皮。

（2）固定干燥　用钉子将毛皮撑开钉在木板上，或先用夹具将毛皮四周边缘夹住，然后朝四周绷拉并固定在一个框架上，再进行干燥。用固定干燥法干燥的皮，其面积产率高，能达到规定的要求。其操作是先固定头和后腿，再固定其他部位。固定干燥一般适宜于漂洗后、量皮前的干燥。固定干燥时，皮内的水分含量为 30％～40％。

（3）烘干法　也属于对流方式的干燥。是在烘房或烘道内进行的。此法热空气作为干燥的介质，能通过温度计、湿度计和气流计对加热空气进行控制。

除了上述 3 种常用的干燥方法外，还有真空干燥、转鼓干燥、辐射干燥等。

（四）兔毛皮的整理

1. 回潮　兔皮的回潮一般采用逐张回潮的方法，这种方法费时费工。在干燥时将水分控制在 30％左右，堆放一段时间后装入转笼中，吹入热空气，使皮在摔软的过程中达到所需的含水量（18％～20％），然后进行铲软，这样既简便又省去了回潮工序。

2. 勾软与铲软　勾软、铲软就是用铲刀、勾软机、铲软机和磨里机等对皮板施加一定的机械作用，使皮纤维松散、伸展，并去掉皮板上的肉渣。通过铲软、磨里等操作使皮板软、薄、轻而洁净。为了保证成品毛皮的质量，在施加机械作用时不要使毛根露出，以免掉毛。勾软是将皮在勾软机依次勾一遍，尤其是边缘、脊线部位要勾到，使皮板柔软。勾软一定要用钝刀。在勾软的基础上进行铲软。

3. 脱脂　主要用溶剂萃取法，即用有机溶剂如汽油、松节油、石油醚、三氯乙烯等进行脱脂。这些溶剂有的容易着火（如汽油、石油醚等），有的有毒（如三氯甲烷、三氯乙烯等），并且在较低的温度下就能挥发，很容易造成危险。因此，必须在密闭的设备中进行。

4. 漂洗　漂洗是将脱脂后的皮放入洗涤剂溶液中进行洗涤，目的是为了进一步除去毛皮上的污物、杂质和油腻，使成品柔软、丰满，富有延伸性和透气性，增加毛被光泽。

5. 滚转　滚转和拉伸是为了使皮板柔软、丰满，毛被松散、灵活洁净。采用转鼓回潮的皮省去这道工序。滚转一般要分 2 次进行，第一次滚转时锯末中水分含量在 30%～50%，滚转后的皮板水分含量为 18%～20%，转鼓转速为 12 转/分，毛皮与锯末的比例为 1∶0.6 或 1∶1。第二次滚转时锯末水分含量为 10%～12%，可以在锯末中加醋酸和甘油，以增加毛被的光泽，也可以加入增光剂、滑软剂等。为了增加毛的光泽，在第二次滚转时还可使用松节油浸渍过的锯末。

6. 打毛、梳毛和剪毛

（1）打毛　打毛的目的是除去毛被上的灰尘、锯末等，使毛被松散灵活。打毛是在专门的打毛机上进行的，皮条以十字固定在平行排列的轴上。轴转速为 400 转/分，皮条在离心力作用下向四周伸开。

（2）梳毛　梳毛的目的是把混乱的、粘在一起的毛梳开弄直，并使毛的方向一致，除去残留在毛被中的锯末、灰尘、浮毛等。梳毛一般在梳毛机上进行，梳毛机分为精梳机和粗梳机，前者是在轴上安装钢针布，后者安装的是锯齿形铁片。轴的转速为 400～600 转/分。

（3）剪毛　剪毛在剪毛机上进行，我国常用的剪毛机有压线式四刀片剪毛机、吸风式十刀片剪毛机和带式剪毛机 3 种。在剪毛之前必须仔细磨刀，操作过程中要仔细调整剪毛的高度及给料机和刀轴的平行度。毛皮在输送装置上的移动速度和螺旋刀的转动速度要协调，毛皮要平整地放在传送带上，否则会造成不良的后果。

7. 量尺　丈量皮面积有两种方法：

(1) 量革机丈量　具有效率高、省力等优点。但成本高，维修复杂，而且丈量出来的面积包括一些不需要的部分（如边肷等），还需要人工计算来扣除这部分面积。

(2) 手工丈量　有图板法和双方框法。前者是将皮贴在比它大的、标有刻度的木板上，进行丈量。双方框法是将两个方框平移，利用填平补齐和长、宽相乘求出面积。

四、兔毛皮的染色

(一) 染前准备

1. 复鞣　复鞣可使毛皮的收缩温度提高到 95℃以上，能适应酸性染料等在高温下染色的要求。如果皮板收缩未复鞣前就已经达到 95℃，则可不经过复鞣直接高温染色。如果使用甲醛复鞣，可使毛皮避免出现氧化褪色、烂板现象，这主要是利用了甲醛的抗氧化性质。复鞣可使皮板柔软、丰满、减小收缩，有利于起绒，使胶原纤维的电荷分布均匀，染色效果好，从而提高了成品的质量。复鞣还可赋予成品皮以新的性质。

2. 脱脂　脱脂在前面的章节中已经提到过，但所处的工序阶段不同，其作用及影响因素也有所区别。脱脂主要是除去毛皮表面的油脂，有利于媒染剂和染料的渗透；中和毛中多余的酸，调节 pH，便于媒染和染色；部分破坏毛的鳞片层，有利于染料的渗透；为制造剪绒和毛革打下基础。

3. 媒染　媒染可明显提高染料的上染率、均匀度和坚牢度，铜盐能提高染料的耐光性。一种染料在不同的媒染剂作用下可得到多种颜色（表 5-12）。常用的媒染剂有红矾（$Na_2Cr_2O_7 \cdot 2H_2O$ 和 $K_2Cr_2O_7$）、绿矾（$FeSO_4 \cdot 7H_2O$）和蓝矾（$CuSO_4 \cdot 5H_2O$）。

表 5-12　媒染剂对颜色、色调和强度的影响

染料名称	无媒染剂的颜色	有媒染剂的颜色		
		铬盐	铁盐	铜盐
毛皮黑Ⅱ（对苯二胺）	棕紫色	深棕色	深棕色	黑色
毛皮棕 T（间甲苯二胺）	黄棕色	浅棕色	黄棕色	深棕色
毛皮灰ⅡA（2，4 二氨基甲醚硫酸盐）	浅红灰色	灰棕色	灰红色	深棕色
毛皮棕 A（对氨基苯酚盐酸盐）	黄棕色	红棕色	灰棕色	深棕色

（续）

染料名称	无媒染剂的颜色	有媒染剂的颜色		
		铬盐	铁盐	铜盐
毛皮灰Ⅱ（二甲基对苯二胺盐酸盐或硫酸盐）	浅红灰色	浅绿灰色	浅蓝灰色	橄榄灰色
毛皮灰 A（对氨基二苯胺盐酸盐）	浅蓝灰色	浅绿灰色	灰色	浅黄灰色
茜素	黄色	紫褐色	棕黑色	黄棕

（1）红矾媒染　红矾是重铬酸钾和重铬酸钠的俗称，是应用最广泛的媒染剂。关于媒染机理和前面章节介绍的铬鞣机理类似，这里不再介绍。

媒染过程中的影响因素如下：

①时间　皮板和毛吸收重铬酸的速度比较快。在头 1 小时吸收重铬酸的量最大，以后逐渐减少，3 小时吸收量趋于平衡。毛吸收重铬酸量比皮板多。

②浓度　毛皮对重铬酸的吸收量随溶液浓度增加而增加，但并非呈比例。其相对吸收量随浓度的提高而减少，所以浓度越高，媒染液的利用率越低。

③温度　氧化染料的媒染温度宜在 30℃左右，重铬酸与毛结合比较牢固，但如果温度超过 30℃后，重铬酸被角蛋白还原，在毛上形成亚铬酸盐，使毛呈棕黄色。酸性媒染采用后媒染，温度低于 60℃反应缓慢，随着温度升高，反应速度加快，为了使染色均匀，升温时要缓慢，最终温度控制在 70～80℃。

④液比　重铬酸盐的吸收随液比的增加而增加，但重铬酸盐的利用率却下降了。

（2）铁盐媒染　铁盐中只有二价的铁（硫酸亚铁）才具有媒染作用。用铁盐染色主要是为了获得灰色，但耐光性不高。铁媒染的特点是针毛吸收不多，所以染色时针毛着色浅，在需要针毛不着色时，就可以用铁盐媒染。铁盐在媒染时起到催化剂的作用。溶液的温度不宜超过 25℃，温度高，不但不能增加硫酸亚铁的吸收，反而降低了硫酸亚铁的吸收。媒染的时间一般为 6～8 小时，铁盐主要在前 2 小时内被吸收，以后速度较慢。液比要根据毛皮的品种和设备而定，采用划槽时为 15～20。投皮后要不断搅拌。有时在溶液中加入少量海波或保险粉，以稳定亚铁离子状态。

（3）铜盐媒染　用于毛皮媒染的铜盐主要是硫酸铜。铜盐只能在 pH 不超过5.3的酸性溶液中使用。铜盐络合物可在较高的pH下稳定存在。铜盐媒染时，既是催化剂又是氧化剂，同时起到催化和氧化作用。

4. 直毛 直毛是指使弯曲的毛伸直并固定的过程。它是一系列的热处理、化学处理和机械作用的过程。通过直毛，使普通、廉价的毛皮变成稳定的、富有光泽的毛皮。

（1）毛的拉伸 在外力作用下，角蛋白纤维伸长，主链伸直，由螺旋变成折叠。在蒸汽作用下，纤维可比原来伸长1倍，但是被弄直和伸长的纤维不稳定，在失去外力作用时，会剧烈收缩至原长甚至更短。在某些能使角蛋白双硫键破坏的条件下，使毛纤维不受到重大损伤。在水蒸气中，在有酸和碱或还原剂存在的情况下纤维更容易拉长。毛的机械伸长和化学变化是随着温度的升高而加强的，因此，可以将热处理与化学处理、机械处理结合起来。如在水中加入一定的甲酸后湿润毛被，再用热烫机（130℃）进行热烫时，毛中的水分急剧蒸发，促使毛纤维的结构趋于不稳定，毛易于伸直。甲酸的作用是部分地还原角蛋白中的二硫键，使其断裂。此外，还可破坏肽链间的盐键，使毛更易拉直。若在甲酸溶液中加入乙醇，效果更好。因为乙醇能增加蒸发速度和强度，还能渗透到毛的深处，同时乙醇还有去除毛被上污物的作用。

经过上述处理过的毛被伸直，在干燥状态下稳定，但在潮湿状态下不稳定，会恢复到弯曲状态。

（2）毛伸直态的固定 为了提高毛的稳定性，就必须采取措施，消除毛的自发收缩和弯曲能力，并把纤维固定在伸直状态。把伸直的毛固定下来，则要在角蛋白形成新键。新键起到交联的作用。目前，主要是用甲醛固定。

直毛操作可安排在染色之前进行，也可以安排在染色之后进行。当用阴离子染料（酸性、金属络合物染料）染色时，如果染浅色，则直毛工序在染色前进行；如果染深色，则染色前后直毛都可以。当用氧化染料染色时，染色前后直毛都可以。

5. 漂白与褪色

（1）还原法 是使用最久的方法，如硫黄熏法。这种方法简单，限于轻度污染的毛皮，持久性差。硫黄熏法是将毛皮悬挂于燃烧着的硫黄熏室内12～24小时，然后再用碳酸氢钠、氨水或清水洗涤，中和皮内的亚硫酸。

（2）氧化法 比还原法好。常用的氧化剂有过氧化氢、高锰酸钾、过硫酸盐、过硼酸钠、红矾等。其中，过氧化氢最常用、效果最好。过氧化氢在分解过程中受活化剂和稳定剂的影响。活化剂有硫酸亚铁、纯碱、氨水、过硫化铵和钼酸铵等。过氧化氢的分解随溶液 pH 升高而加快。稳定剂有焦磷酸钠、硫酸铵、草酸铵和动物胶等，其中焦磷酸钠的效果最好。

（二）染料

1. 氧化染料　又称毛皮专用染料，它是染料的中间体。染色时这些中间体渗透到毛皮中，经过氧化形成染料并牢固结合在毛被上，使毛被着色。氧化染料具有染色温度低、成品色泽柔和、自然，能仿染水貂皮等优点。但染色工艺复杂，颜色坚牢度差而且有毒。

2. 酸性染料　是一类在酸性介质中染蛋白质纤维的染料，酸性染料大都为芳香族的磺酸基钠盐。酸性染料多为偶氮结构，还有蒽醌类和三芳甲烷、氧杂蒽和二氮蒽。

（1）偶氮酸性染料　以黄色、橙色、红色为主，蓝色主要是藏青，紫色和绿色的色光不够艳丽，商品中的棕色多为拼混染料，酸性黑品种也较多。单偶氮酸性染料结构简单，匀染性好，色泽鲜亮，但坚牢度差。随着偶氮数增加，颜色加深，坚牢度有所提高，但渗透能力降低。

（2）三芳甲烷结构酸性染料　以鲜艳的紫色、蓝色、绿色为主，但不耐日晒。

（3）蒽醌类酸性染料　以蓝色为主，色光鲜亮，日晒牢度和坚牢度好，适合于反穿毛皮的染色。这类染料大都为深色。

酸性染料的特征酸性染料分子中含亲水基多，因而易溶于水；酸性分子小，渗透性好；部分偶氮酸性染料可和金属络合，提高染色的坚牢度。在酸性染液中加入中性盐可以减缓染色进行。酸性染料色泽鲜艳但耐水洗、耐日晒能力较差。

3. 酸性媒介染料　是结构上具有与过渡金属反应生成络合物的酸性染料。它具有染色均匀，日晒牢度和湿处理牢度高，生产成本低等优点。

（1）性质　酸性媒介染料以单偶氮结构为主，它的许多性质受到结构的影响。分子量小，溶解度好，染色均匀一致；使染料颜色加深，耐洗度提高；铬媒处理一般采用后媒法较好，染色牢度好。

通常在染浴时加醋酸使染料被毛皮吸收完全或基本完全后，再加媒染剂，这种方法对毛有一定的损伤作用，手感不良，在还原剂中加甲酸、乳酸等，可减少毛的损伤。

（2）注意事项

①水质要求　用软水为宜，水质硬度不超过150毫克/升，不得含铜、铁离子，以免染料沉淀而产生色花。可在水中加入六偏磷酸钠、软水剂B改善水质，用量为0.2～0.5克/升。

②红矾用量　用红矾做媒染剂效果好。但由于铬的污染问题，用量应掌握在最低限度，且废水要经过妥善处理后才可排放。红矾用量控制在染料重的25%～50%。

③增艳　酸性媒介染料色泽较暗，可选用不受铬盐影响的，在酸性媒介染料的染浴中有较好上染率的弱酸性或中性染料拼色。与酸性媒介染料同时加入。

④调节色光　用后媒法进行媒介染色，需要经过较长时间的铬媒处理后才能充分发色，因此给仿色带来困难，易造成色差。故在打小样时一定要准确，工艺条件一定要严加控制。调整色光以补调酸性媒介染料为宜。

⑤稀土染色　用于毛染色主要是氯化铈（$CeCl_3$）等的混合稀土。它对各个媒介染料有效程度有所不同，其用量也有差异，一般为0.05%～0.2%。加用稀土后毛易于膨化，染色温度可以降低；可提高染色速度和上染率，节省能源和时间；染料和助剂量可减少4%～15%，可减少红矾用量；发色纯正，染色坚牢度提高，毛的手感、光泽良好。稀土作为助染剂的使用良好。

4. 茜素染料　是具有蒽醌结构的酸性染料和少部分酸性媒介染料的合称。具有蒽醌结构的可溶性染料既具有酸性媒介染料的性质，又具有酸性染料的性质。

茜素染料匀染性好，日晒牢度和干、湿擦牢度好，耐高温，染色温度较低，毛上染率高，皮板几乎不上色。茜素染料具有媒染能力，在不同媒染剂作用下，可改变色泽或提高染色坚牢度。茜素染料无媒染时呈黄色，铝媒染呈红色，铁媒染呈棕黑色，亚铁媒染呈深紫色，铬媒染呈紫褐色，铜媒染呈黄棕色。

（三）染色

1. 染色方法

（1）划槽染色　划槽是毛皮染色的主要设备，毛皮在染浴中借助划槽的机械作用加速染料上染和匀染，划槽染色液用量大，作用温和。其特点是在整个过程中可随时观察染色情况，便于控制，不易锈毛，染色均匀，生产效率高，但消耗水和材料用量大。

（2）刷染 刷染是将染液涂刷于毛或皮板上，然后晾干或烘干，染料逐步被毛纤维吸收。氧化染料常用刷染。刷染的特点是节约水、染料和其他材料，适宜于单面染色，可满足印花等特殊用途的需要。但生产效率低，劳动强度大，要求严格，易产生色花、色差、坚牢度差等问题。

（3）浸染 浸染是将毛皮直接放在染液中进行染色。其特点是能同时染多张皮，并且易于控制。生产上常把刷染和浸染结合起来，用刷染来弥补浸染之不足，可节约染料。

（4）鼓染 鼓染是浸染中较为先进的方法，染色均匀、迅速，且能保持一定的温度，它也能与其他方法联合使用，仿染各种自然色彩，但也易于产生锈毛等问题。

2. 染色的影响因素

（1）染料的性质 构成染浴的主要成分是染料，要使染色顺利进行，所用染料应精心选择。选用的染料应具有良好的溶解性，染料着色应浓厚、均匀而牢固。当pH改变或经乳化作用时，染料的颜色不发生变化。染色应与工艺配套。

染料的溶解直接关系到染色的效果。通常应尽可能将染料溶解完全后再使用，这样有助于染色均匀。染料溶解若不得法，就会引起染色缺陷。

酸性染料和直接染料可先用少量冷水或温水拌成糊状，然后加入30～50倍的热水（80℃以上）溶解。金属络合染料可先用水或酒精直接溶解。X型活性染料可先用少量冷水拌匀，在室温下水溶解，因这种染料稳定性差，须随用随配。K型活性染料可先用温水拌匀，再用70～80℃热水溶解。

染料完全溶解后，在使用前应进行过滤，一般用双层纱布过滤就能达到要求。染料的用量取决于染料本身的着色强度和毛皮品种的要求。同一染料强度不同，用量也不同。一般来说，染料着色强度大，用量小；着色强度小，用量大。按毛皮重计算染料用量时，应考虑到毛皮重量与面积之间的关系。皮板薄而面积大者，染料用量大些，皮板厚而面积小者，染料用量小些。

（2）毛皮性质 染色质量与毛皮的本身性质有很大关系。染前各项预处理一定要达到质量要求，皮要求毛被洁净、无油污、松散、灵活、无锈毛，毛被平整；皮板皮形完整，破皮拼缝合理，无油腻；皮板丰满、柔软，厚薄适度。

（3）染液的pH 染液的pH对毛皮染色有重要影响，它不仅可以改变毛皮所带的电荷，而且影响染料的分散程度、与毛皮的结合速度和毛皮染色的深浅。不同染料、不同的产品对染液的pH要求不同（表5-13）。

表 5-13　常用染料染色要求的 pH

染料名称	染液的 pH	染料名称	染液的 pH
酸性染料	3～4	酸性媒介染料	2.5～4
弱酸染料	4～5	酸性络合染料	3.5～5
氧化染料	7.5～8	中性染料	4～6
茜素染料	3～5	活性染料	3.8～4.2（毛被）
直接染料	7.5～8（皮板）	活性染料	7.5～8（皮板）
碱性染料	4～6		

组成毛皮的角蛋白纤维和胶原纤维，经鞣制和染前处理，两种蛋白质的等电点不同，如铬鞣后皮板的等电点为 8.7，毛被的等电点为 5.6。如果用酸性染料染色，当 pH＜5.6 时，毛被易染色，而皮板则不易染色；当 pH＞8.6 时，皮板易染色，而毛被不易染色。利用染浴 pH 和纤维等电点的差异可很好地控制毛被和皮板的染色。

（4）温度　染浴温度取决于染料和被染毛皮承受温度的能力。不同的染料有不同的最适染色温度。毛皮也有自身的收缩温度，将最适染色温度与收缩温度比较，取较小者作为染浴的温度。如酸性染料染毛皮时最高温度不超过 80℃，其原因是尽管酸性染料的最适染色温度在 100℃，但铬鞣毛皮的收缩温度在 95℃左右。为了安全起见，染浴温度控制在 80℃左右。

（5）助剂　为了提高染色的均匀度和坚牢度，常在染液中添加一些助剂。这些助剂包括酸、碱、盐（主要是影响染液的 pH）和表面活性剂（主要起匀染作用和固色作用）。

匀染剂有两类：一类对纤维有很好的亲和力，它先被纤维吸附而可延缓染料的上染。如用阴离子染料染色时，一般采用阴离子型匀染剂。这是因为表面活性剂阴离子比染料阴离子小，首先与皮纤维结合，占据了染料阴离子的结合空间，如果染料要和皮纤维结合，就必须取代表面活性剂，从而使染色减慢。另一类匀染剂是非离子型表面活性剂，它对染料有一定的亲和力。此外，铬鞣毛皮在染色前适当加入加脂剂，也能起到匀染作用。

固色剂的作用与匀染剂相反，主要是降低染料分子与毛纤维结合后的水溶性，使已结合的染料进一步固定。固色剂也是表面活性剂，所带电荷与染料电荷相反，能与染料形成沉淀，固着于毛纤维上。

（6）液比　液比大，有利于染料的溶解和分散，易匀染，但染料的浓度低，色泽偏淡；液比小，染料浓度偏大，提高染着量。为了防止出现色花现象，染色采用适宜大的液比，不至于染料的浪费。一般划槽染色液比为20～30（以干重计）。

（7）时间　染色时间主要由毛皮的种类和所要染色的深度来决定。染色一般控制在2～4小时。染深色时间长，染浅色时间短。

（8）机械作用　机械作用能提高染色速度和染色均匀度。在染料投入后的一段时间，要不停地搅动，可避免色花。划动速度控制在15～25转/分。

五、兔毛皮成品质量及其鉴定

（一）成品质量鉴定

1. 感官鉴定　感官鉴定是通过人的感觉器官对产品质量进行鉴定。主要内容包括毛皮的色泽、气味、粉尘、软硬、丰满度、弹性、延伸性、可塑性、完整性、卫生性和毛被的松散性、灵活度。

感官鉴定常用术语：皮板方面有柔软、丰满、身骨好、平展、洁净、无油腻感、裂面、硬板、癣疥、痘疤、油板、硬边、边渣、细致、均匀、翻面、描刀伤、裂浆等，毛被方面有整齐、灵活、松散、弹性、光泽、颜色、美观、大方、粘毛、锈毛、无灰、无异味、无油腻感、勾针、脱毛、口松、溜针、毛污色花等。

2. 物理力学性能鉴定

（1）皮板伸长率　伸长率大说明毛皮出材率大，可塑性大。皮纤维束在外力作用方向上会发生变形，被拉直伸长。当外力消除后，纤维束伸长部分在很大程度上恢复原状，这种变形称为弹性变形，不能恢复的伸长称为永久变形。毛皮的弹性变形和永久变形都是重要的性质。伸长率分为单位负荷伸长率和永久伸长率。前者是指毛皮在拉力机上受5兆帕拉力时所增加长度与原长的百分率；外力消除后，在空气中放置0.5小时后的伸长率就是永久伸长率（也称可塑系数），永久伸长率越大，毛皮的可塑性越好。

（2）抗张强度　是指毛皮在拉力机上拉断时单位横切面积所能承受的最大负荷。它是表示毛皮坚牢度的指标之一。在粒面出现裂痕时，单位横切面上的负荷叫粒面抗张强度。毛皮的抗张强度主要由皮板内的纤维数量、粗细、强度以及其编织情况决定。如沿纤维方向拉伸，则抗拉强度较大；沿垂直或与纤维方向成一定角度的方向拉伸，则抗拉强度小。毛皮的断裂负荷表示同样宽度毛皮拉断时的负荷。家兔皮的抗张强度和断裂负荷都很大。

（3）耐热性　皮在水中受热到一定程度时，便会沿纤维的纵向收缩，长度变短，直径变粗，皮开始胶化，这时的温度称为收缩温度。皮收缩后，其物理力学性质降低，主要是胶原分子间的化学键受到破坏的缘故。

湿热稳定性是皮受水蒸气和热作用后的物理力学性质变化的程度。成品皮在穿用过程中，会受到湿热的作用，皮中游离酸和与皮纤维结合的酸水解，引起胶原的破坏。空气中的氧加速了这种作用的发生。贮存的成品皮也会因为空气温度、湿度的变化而受到破坏。另外，也可用洗涤法测定鞣皮的稳定性。

(4) 柔软度 皮板柔软性是衡量毛皮产品质量的重要指标。目前无专门仪器来检测柔软度，只能凭感官鉴定。常用的术语有绵软、柔软、软、硬、僵硬等。

(5) 色坚牢度 是指毛皮经染色后，抵抗外界作用而保持原色的能力。毛皮色的坚牢度包括耐日晒、耐水洗、耐酸碱、耐汗渍、耐摩擦等。其中以耐日晒、耐干湿擦坚牢度最为重要。

(6) 稠密度 稠密度不仅决定毛皮的外观，而且决定其穿用性和保暖性。皮的种类或部位不同，稠密度不同。在生产过程中黏结的毛经梳开后，毛被的稠密度会降低；皮板收缩时，毛的稠密度增加。可借助显微镜观察1厘米^{3}内毛的根数来测定稠密度。也可以用DT-4型仪器测定毛被的稠密度。

(7) 耐磨性 客观测定毛被耐磨性包括耐磨度和弯曲强度的测定。毛被耐磨度测定是模拟毛皮穿用条件进行测试。测定切取皮样、称重，然后放在测试装置上，与摩擦材料摩擦，在一定负荷和时间内进行，试验结束后称重，按皮样重的损失来评定皮的坚固度和耐磨度。

(8) 保温性 毛皮的保温性能由毛被保留不流动空气层厚度决定。毛越细越长，越稠密，则保温性能越好。

(9) 透气性和透水气性 是毛皮卫生性能指标。

各种毛皮的透气性是有差别的，皮纤维的编织和松散情况对其渗透性影响最大，能使纤维松散的因素都能提高毛皮的透气性，加脂则会降低透气性，光面毛革的透气性较低。

透水气性是指毛皮让湿度较大的空气透过到湿度较小的空气中的能力。由于毛皮有透水气性，它能排汗、排湿。

透水气性和透气性有密切关系，一般透气性高的透水气性也高。但透气性为0时，透水气性不为0。

3. 化学鉴定

(1) 挥发物 皮板是多孔性物质，具有吸湿性能，毛皮内挥发物绝大部分是水。皮在干燥时皮板中会保留一部分水，所含水分的多少与空气的湿度有关，相对湿度越大，皮内含水量越高。反之则越低。因此，皮中水分蒸发与空气的相对湿度有很大关系，除此之外，还与皮的鞣制方法、加脂有关。

（2）二氯甲烷萃取物　是油脂类物质。毛皮成品中的油脂包括原料皮中的油脂（存在于脂肪细胞中）和添加的油脂。脂肪细胞中的油脂起不到润滑纤维的作用，而添加的油脂存在于纤维之间，起润滑作用。成品中油脂的含量要求为6%～12%。油脂量过高增加了毛皮重量，显油腻感，毛被易被玷污、黏结、不松散，着色不均匀；油脂含量低，皮板柔软性、防水性差，抗张强度降低，毛被干枯，无光泽，易断裂。

（3）灰分　毛皮灰分是指毛皮经高温燃烧后剩余的成分，主要是矿物质。生皮本身所含矿物质少，但经过一系列加工后，由外界引入了大量矿物质，使得成品皮中矿物质成分增加。灰分的含量与毛皮成品的质量没有明确关系。一般只用来检查工艺中的操作是否正确。

（4）pH　毛皮成品一般呈微酸性，皮内的酸有自由态的酸和结合态的酸。成品皮的pH为3.8～6.0。毛皮内含酸量过大，毛皮在贮藏中会使皮纤维遭到破坏，降低了皮板的坚牢度。

（5）结合鞣质　是指在鞣制时与皮蛋白质发生化学结合的鞣质。除了甲醛外，其他有机鞣质的含量不能直接测定，但可以通过加减法来求得。铬鞣皮中铬的含量以三氧化二铬形式表示，毛皮成品中含铬量要求在2%以上。

4. 显微结构鉴定　毛和皮板的结构在加工过程中会发生变化，通过显微镜观察毛和皮板显微结构的变化可鉴定毛皮的质量。通过毛切片的显微观察，可知道毛鳞片在加工中的变化、染色情况，有利于进一步控制毛皮的质量。通过皮纤维的切片观察，可知道纤维束编织的紧密度、分散度等。

（二）兔毛皮成品缺陷及其原因

1. 毛被缺陷

（1）结毛　毛相互缠结在一起，形成大小不等的疙瘩，甚至成块状、片状、毡状。在原料皮的初加工中没有将毛被中的脱毛、杂质除尽，以至在后操作中机械作用下形成结毛。转鼓、划槽转速过大、转动时间过长、液比过小、脱脂不尽或滚转时锯末湿度过大都会产生结毛。

（2）掉毛　原因有浸水时温度过高、换水周期过长、防腐不到位等，软化时酶用量超标、碱性材料处理过度等。

（3）勾毛　原因在于：加工过程中碱、氧化剂、还原剂处理过度，毛经氧化后受到强光作用，熨烫时温度过高、剪毛时刀口钝等。

（4）色花 毛被染色后颜色深浅不一。染色时液比过小、翻动不均匀、染料未完全溶解、脱脂不尽等。

（5）枯燥 毛被手感干枯、粗糙、发黄，缺乏光泽和柔和性。产生的原因是受碱性材料的损伤，脱脂过度；在加工过程中毛受氧化、还原剂的剧烈作用，熨烫时温度过高等。

（6）发暗 原因是染料配方不当，毛被油脂过多或沾有油污或脱脂不良，毛表面形成铬皂或铝皂等。

（7）发黏 毛被不松散，毛尖不灵活。主要原因是脱脂不尽造成的。

2. 皮板缺陷

（1）硬板 皮板发硬是毛皮成品的严重缺陷。产生的原因是皮纤维没有得到充分的分离。老皮板、陈皮板、瘦皮板以及油脂含量少的皮板、纤维编织紧密的皮板容易产生硬板。皮板上的油膜未除尽也会造成硬板。

（2）贴板 毛皮经过鞣制干燥后皮纤维粘贴在一起，皮板发黑、发黄、干薄僵硬。原因有鞣质与皮结合不牢，产生不同程度的脱鞣现象。如低碱度的铬鞣不耐水洗，低 pH 的醛鞣结合不良，经过酸洗、碱洗产生脱鞣。

（3）糟板 是指皮板抗张强度很小，一撕即破，一捅出洞，失去针缝强度，无加工利用价值。原因有：硝面鞣皮板长期受潮，皮板油脂没有脱干净，油脂酸败、氧化而使皮纤维腐蚀；在浸酸软化中，由于温度、浓度过高、时间过长，使皮纤维遭到严重破坏而导致糟板；甲醛鞣 pH 过高、甲醛用量过大都会使纤维强度降低；铬鞣皮在氧化剂强烈作用下同样会使抗张强度大大降低，皮板极不耐撕。

（4）缩板 毛皮经鞣制后皮板剧烈收缩、发硬，缺乏延伸性。产生原因是浸酸时酸肿，而在鞣制时又未消肿；或者浸酸温度过高，皮纤维发生收缩；甲醛鞣制不良，后经酸洗产生肿胀；或甲醛鞣时碱性肿胀未消除；在染色过程中因鞣制不良，受热收缩。

（5）花板 皮板发花，主要是鞣制翻动不够、鞣制分布不均造成的。

（6）油板 对油脂含量高的皮张，因鞣前脱脂不够，鞣制后皮板发硬，成品油脂量大于标准。

（7）反盐（硝） 是指在皮板表面上有一层结晶盐，使皮板变得粗糙、沉重，遇潮易吸水。防止反盐的措施是鞣后进行水洗除去中性盐。

（8）裂面 毛皮经鞣制干燥后，用力拉紧皮板以指甲顶划时，如有轻微爆裂则称为裂面。产生原因有：皮板本身结构；保存不当；浸酸软化时皮质损失过多，造成网状层过于松散，其延伸率大于乳头层和表皮层的延伸率，故在外力作用下，表皮层和乳头层受力过大而断裂；表皮层和乳头层鞣制不透。

(三) 成品贮存、包装及运输

1. 保存

(1) 成品入库时要详细核对数量、尺寸、规格，检查是否有霉变、受潮、虫蛀等现象。如发现应立即处理。

(2) 成品入库要按品种、路分、规格等分路堆放。库房堆码时应做到：离地距离 30～50 厘米，离顶距离≥100 厘米，离墙距离≥50 厘米，离柱距离 10～20 厘米，垛垛间距≥30 厘米，离灯距离≥100 厘米。

(3) 成品仓库地势要高，通风良好，库内干燥，避免阳光直射到成品上。最好有调温、调湿设备。仓库内温度 0～10℃，相对湿度 40%～60%为好。当温度在－20～－30℃，相对湿度 40%～70%时也可贮存，但贮存时间不超过 6 个月。

(4) 仓库要保持清洁卫生，作好杀虫、防虫工作。根据气候变化及库内外温度、湿度情况适时进行通风、散热、排潮、杀虫、翻垛等工作，确保安全保存。

(5) 成品不得与原料皮同库贮存，库内不得堆放易燃、易爆、易腐蚀、易污染材料。

(6) 仓库要有记录和保管卡片，记录所存的毛皮成品规格、等级、数量、收发日期、结存数量、库内温度、湿度及翻垛日期、备注等内容。

2. 包装　成品应根据毛皮类别、鞣制方法和登记分别进行包装。包装前应以一定数量，毛对毛、板对板逐张平顺码齐。外包装用纸或麻袋、麻布，内衬牛皮纸和防潮纸，用绳捆牢。

3. 运输　成品在运输中必须防雨、防潮、防风、防晒，禁止与易引起污染的物质混装。

第六章

兔毛、兔绒加工技术 >>>>>

第一节 兔毛、兔绒的构造

一、兔毛的组织结构

兔毛纤维由外向内分为3层：鳞片层、皮质层和髓质层。

（一）鳞片层

位于毛纤维的最外层，是由一层扁平的角质化细胞彼此重叠排列而成，其游离端指向毛根的尖端，使水分不至于渗入毛的深处。鳞片层是毛纤维独有的表面结构，它赋予毛纤维特殊的摩擦性、毡缩性、吸湿性以及不同于其他纤维表面的光泽和手感。鳞片层很薄（0.5～3微米），占毛纤维重的10%。

（二）皮质层

由多角形或纺锤形细胞构成。皮质层分为正、副皮质层。正皮质细胞粗而短，沿细胞轴向存在明显扭曲，含硫量低，对酶和化学试剂的反应活泼，碱性染料易着色，吸湿性大。副皮质细胞细而长，无明显扭曲，含有较多的双硫键，使其分子联结成稳定结构，易被酸性染料染色，对化学试剂不及正皮质细胞敏感。

（三）髓质层

是毛的中心部分，由一种细胞膜和原生质已硬化了的多角形细胞构成的多孔组织。髓质细胞中充满空气，能降低毛的导热性而起到隔热作用。毛的保暖性就是由这层决定的，髓质层发达的毛保暖性好。兔毛中绒毛和枪毛均有髓，髓质层多则兔毛的强度、伸度、弹性、卷曲度、柔软性和染色能力都较差。

兔毛的鳞片层、皮质层和髓质层厚度的变化是不同的，家兔的毛纤维最粗部分的鳞片层占1%、皮质层12%、髓质层87%，野兔则分别为1%、8%和91%。毛下面圆筒形部分家兔的鳞片层占1%、皮质层25%、髓质层74%，野兔分别为1%、12%和87%。

二、兔毛的形态结构

兔毛主要由毛干、毛根和毛球三个部分构成。此外，还有一些附属的营养和保护器官。毛干是毛露在皮板外面的部分。毛根是毛干在毛囊内的延续部分。毛球是毛最下面的膨大部分，它包围着乳头。毛球的基底部分在活体上由活的表皮细胞构成。这些细胞在不断地繁殖和演变的过程中，逐渐形成了毛根和毛干。毛根和毛干都是由逐渐角质化了的不能繁殖的细胞构成。

第二节 兔毛的分级、保藏和运输

一、兔毛的分级

兔毛的收购是按照长度和质量分级定价的，凡符合收购规格的兔毛称为等级毛。等级毛的共同要求是长、白、松、净。长是指兔毛纤维要长，达到等级规定的标准；白是指兔毛色泽要纯白，凡有尿黄、灰黄和杂色的毛都要降级；松是指兔毛松散不结块，要全松毛；净是指兔毛要清洁干净，无杂质。凡不符合以上标准的叫次毛、等外毛。根据GB/T 13832—2009《安哥拉兔（长毛兔）兔毛》，安哥拉兔（长毛兔）的兔毛按粗毛率分为Ⅰ类和Ⅱ类。Ⅰ类安哥拉兔兔毛的粗毛率≤10%，Ⅱ类安哥拉兔兔毛的粗毛率>10%。Ⅰ类安哥拉兔兔毛的分级技术指标包括平均长度、平均直径、粗毛率、松毛率、短毛率和外观特征六项（表6-1）。Ⅱ类安哥拉兔兔毛的分级技术指标包括平均长度、粗毛率、松毛率、短毛率和外观特征五项（表6-2）。

表6-1 Ⅰ类安哥拉兔兔毛的分级要求

级别	平均长度（毫米）≥	平均直径（微米）≤	粗毛率（%）≤	松毛率（%）≥	短毛率（%）≤	外观特征
优级	55.0	14.0	8.0	100.0	5.0	颜色自然洁白，有光泽，毛形清晰，蓬松
一级	45.0	15.0	10.0	100.0	10.0	颜色自然洁白，有光泽，毛形清晰，较蓬松

（续）

级别	平均长度（毫米）≥	平均直径（微米）≤	粗毛率（%）≤	松毛率（%）≥	短毛率（%）≤	外观特征
二级	35.0	16.0	10.0	99.0	15.0	颜色自然洁白，光泽稍暗，毛形较清新
三级	25.0	17.0	10.0	98.0	20.0	自然白色，光泽稍暗，毛形较乱

表 6-2　Ⅱ类安哥拉兔兔毛的分级要求

级别	平均长度（毫米）≥	粗毛率（%）≥	松毛率（%）≥	短毛率（%）≤	外观特征
优级	60.0	15.0	100.0	5.0	颜色自然洁白，有光泽，毛形清晰，蓬松
一级	50.0	12.0	100.0	10.0	颜色自然洁白，有光泽，毛形清晰，较蓬松
二级	40.0	10.1	99.5	15.0	颜色自然洁白，光泽稍暗，毛形较清新
三级	30.0	10.1	99.0	20.0	自然白色，光泽稍暗，毛形较乱

二、兔毛的保藏和运输

（一）兔毛的保藏

首先是将兔毛收购后，应按等级分别存放，在贮存保管过程中，必须注意防潮、防蛀、防变质和防杂物混入。收购点可用木柜加盖贮存。数量较大的收购点可用专仓储存。仓库要求干燥、清洁、通风。切忌兔毛直接接触地面和墙壁，而应该放置在货架或枕木上。其次，雨季要防雨、防潮，天气晴朗时要打开窗户通风，必要时还要翻垛晾晒。第三，兔毛由角蛋白构成，易受虫害，尤其容易发生虫蛀。因此，兔毛中应放樟脑丸或其他防虫剂，但切忌将防虫药直接和兔毛混放。第四，还必须特别注意防鼠害。

（二）兔毛的包装

为了便于贮存和运输，对松散的兔毛要合理进行包装。兔毛纤维黏合性强，经不起翻动和摩擦，而且色泽鲜艳又带有静电，容易弄脏。另外，兔毛纤维具有多孔性，吸水能力较强，极易受潮湿。因此，必须根据兔毛的这些特性进行包装，目前我国对兔毛的包装有以下几种：

1. 竹篓包装　用清洁干净的竹篓，里衬防潮纸，装毛加封，外用绳子捆扎。适用于短途运输。

2. 纸箱包装　箱内干净，装毛加封，外层用塑料袋或者麻袋包裹，适用于收购兔毛不多的基层收购点做短途运输之用。

3. 布袋包装　用布袋或者麻袋装毛封口，外用绳子捆扎，每袋可装 30 千克，装毛应压实。包装过松时，经多次翻动，会使兔毛纤维互相摩擦而产生缠结毛。

4. 榨包包装　用机械打包，外面再用专用的包装布缝牢，每件可装 50～75 千克。包装上印上商品名称、规格、重量、发货单位、发货时间等。这种包装适用于长途运输或出口。

（三）兔毛的运输

由仓库出运时，要特别注意防止潮湿，雨天最好不要出运。装火车、汽车或者轮船时，如无棚顶，应加盖防雨布。不论采用何种运输工具，装货处都必须保持清洁干燥。车船装货时，应将兔毛包装件放在上层，禁忌笨重物品挤压兔毛包装，尤其不允许和化学药剂、流动液体混装，以免兔毛受损和污染。

第三节　兔毛的利用

一、毛皮加工中的废毛

1. 剪下毛　是指在洗涤、脱脂后剪下的毛，适合于纺线和高级毡制品。

2. 梳下毛　是指从鞣制和染色毛皮上梳下和打下的毛，分为精梳毛和粗梳毛。精梳毛主要由绒毛组成，没有枯萎的毛；粗梳毛主要由枪毛组成，绒毛少，有枯萎的毛。

3. 修剪毛　从毛皮上剪下的毛或从袄皮加工时剪下的毛，可用于制毡。

4. 小块皮、头皮、尾皮、肢皮上的毛　在进行分割、修边时撕下的小块废皮及头皮、尾皮、肢皮、缝裁下脚料上的毛。

二、废毛回收和初步加工

剪下毛经洗涤、干燥、疏松、压紧打包。干燥湿操作中得到的毛，剔除杂质、皮块，清除粉尘后压紧打包。将制革、制胶时脱下的毛收集起来，除去杂质、洗涤、干燥后压紧打包。

制革、制胶煺下的毛洗涤前放置时间不应超过6小时，涂灰碱煺毛法煺下的毛不应超过1～1.5小时。一般先用适量的盐酸溶液洗涤，酸用量以中和毛中的碱，使洗涤水呈微碱性为度，约为毛重的1.5%～2%。在洗衣机中用清水洗10分钟，在酸液中洗7分钟，再用清水洗10分钟。在离心甩水、干燥后打包。

三、小块毛皮上毛的回收

（一）用胰酶溶解真皮后回收毛

1. 原料挑选　将小块皮按毛的粗细、颜色进行分类。

2. 洗涤浸水　设备为划槽或转鼓。液比：划槽中为8～10、转鼓中4～5，温度35℃，时间5～8小时（以湿皮计）。

洗涤3次，每次都需要换水，最后一次洗涤时在水中添加亚硫酸钠5克/升。转鼓转速为5转/分。划槽则每小时划动10分钟，出皮时控水1～2小时。

3. 热处理　设备为转鼓，液比4（以湿皮计），温度75～80℃，时间1.5小时，转动2次，每次10～15分钟。

4. 胰酶处理　取湿皮块重12%～15%的胰腺捣碎，液比20，温度38℃，用2%硫酸铵溶液浸提1.5小时，然后将滤液倒入转鼓中。此时的液比为2，温度为38～40℃。也可采用胰岛素生产中废料所含的胰酶来溶解小块皮。pH7.5～8.0（用氨水或碳酸钠调整），时间15～18小时，每小时转动3分钟，直至真皮完全溶解。为了避免溶解时出现细菌污染而产生臭味，可以在处理后8小时添加30%双氧水3～5毫升或0.5%原料重的亚硝酸钠作为防腐剂。

5. 洗毛真皮完全溶解后，倒出胶液，毛经洗涤、干燥后打包。

（二）用细菌蛋白酶制剂溶解皮块回收毛

1. 原料挑选　将小块皮按毛的粗细、颜色进行分类。

2. 浸水　先在清水中浸水，然后在3～5克/升碳酸钠溶液中浸水，并加入少量洗涤剂脱脂。

3. 洗涤　脱脂后流水洗涤5～10分钟。

4. 热水处理　在70～80℃热水中处理2小时。

5. 酶处理　液比4，温度40～45℃。

一般用中性蛋白酶制剂，如40～45原子质量单位/毫升1398蛋白酶或者166蛋白酶，0.05～0.15克/升防腐剂，pH7～8，时间16～48小时，间歇转动。在真皮溶解后，流水洗毛15～20小时，回收毛干燥。

（三）用硫酸溶液溶解生皮块的真皮回收毛

本方法原理是根据硫酸对胶原和角蛋白的作用不同。角蛋白耐稀酸作用强，而胶原在酸中易水解。

对于湿皮块：

1. 水洗　流水洗涤45分钟，或分3次水洗。

2. 浸水　设备：转鼓，液比2，温度15～18℃，时间10～12小时。

3. 酸溶　液比2，85℃，硫酸40～50克/升，搅拌3小时，使真皮溶解，间歇转动。

用碳酸钙中和胶液后澄清，浓缩即得到粗胶。或先不加酸煮胶，而在倒出胶液后加酸溶解带毛的小皮块。将倾出胶液得到的毛洗涤、甩水、干燥。

（四）捡毛、拔毛

在废毛回收和初步加工中，应将白毛、染色毛、有色毛分别收集。按种类分开处理，以免降低毛的质量。

四、毛的综合利用

（一）人造毛皮

是将剪下的毛平移到布或其他织物基底上而得到的毛皮。方法是：选取毛长适合的鞣制皮，毛被向上，在织物和毛被上分别涂暂时性黏结剂，将毛梢与织物黏结；用带刀剪毛机将毛被剪成两半，分成真皮和织物基的毛被；在选定的布基或其他织物上涂聚异丁烯胶，并将其贴于剪开的毛被上，粘好后送入干燥室干燥；之后，将最初的织物撕下，通过梳毛、剪毛、染色、熨烫等整理后，即可得到毛梢在外的人造毛皮。

（二）用于非纺织品

与其他方法相比，它有可以利用不能用于纺线的毛作原料，能减少投资，增加品种的优点。包括缝制法和胶粘法。

1. 缝制法　在细密的纤维网上，均匀地铺上从梳毛机上所得的纤维，然后在特殊的编织缝纫机上用结实的线缝制。

2. 胶粘法　将天然的毛纤维与热塑性合成纤维的混合物作成厚度均一的毛网，并使通过热轴延压机。此时合成纤维熔化，将全部纤维粘着。

（三）其他用途

1. 食品及动物饲料　利用酸、碱、酶及其水解剂，在高温下将废毛进行水解即可制得动物饲料。

2. 生产人造纤维　将角蛋白废料溶解，再将溶液压过喷丝头，用酸和甲醛或其他化学药剂使纤维固定。

3. 提取胱氨酸　胱氨酸有促进机体细胞氧化还原、增加白细胞、阻止病原微生物的作用，主要用于治疗脱发症、痢疾、伤寒、流感等。可由角蛋白水解，精制而成。

4. 角蛋白粉　用于钢的渗碳和塑料生产，作为酪素塑料的代用品。

5. 酸腐蚀调节剂　用酸清除金属表面上的锈时，酸对金属有较强的腐蚀性，而调节剂可减缓酸对金属的腐蚀作用。

第七章

兔副产品加工利用技术 >>>>>

第一节　脏器的利用

一、兔肝的利用

兔肝在医药上可提取制成肝浸膏、肝宁片和肝注射液等，现以肝浸膏为例简介其提取过程。

（一）工艺流程

原料绞碎→浸渍→过滤→离心→浓缩→配料→检验→成品

（二）工艺要点

1. 原料要求　取新鲜或冷冻的健康兔肝，去除肌肉、脂肪及结缔组织，放入绞肉机中绞碎成浆状。

2. 浸渍　绞碎后的肝浆置于蒸发锅内，加水半量，混合均匀，然后按原料重量加0.1%硫酸（用水稀释后加入），搅拌均匀，pH5～6，加热至60～70℃，恒温30分钟，再迅速加热到95℃，保温15分钟。

3. 过滤　加热后的肝浆过滤，滤渣加水适量进行二次提取，将2次滤液合并再离心，取上清液备用。

4. 浓缩　取上清液进行60～70℃蒸发浓缩或真空浓缩至膏状，按肝膏中加入0.5%苯甲酸作为防腐剂，即得到肝浸膏，出膏率5%～6%。

5. 制片　目前常用制品是肝膏片。配料为：每10 000片含（4）中得到的肝浸膏3千克，淀粉适量，硬脂酸镁27克。肝浸膏加适量淀粉拌匀后，80℃干燥，粉碎成细粉过筛，加适量75%乙醇作为湿润剂，用18目筛整粒后，加硬脂酸镁压片即得。

二、兔胰利用

兔的胰脏可用来提取胰酶、胰岛素等，下面以胰酶为例介绍其提取过程。

（一）工艺流程

原料绞碎→提取→自溶液→吊滤→激活→沉淀→吊滤、压榨→制粒→脱脂→胰酶原粉→球磨、配料→成品

（二）工艺要点

1. 原料要求 取新鲜或冷冻的健康兔胰脏，除去脂肪和结缔组织。原料胰脏质量是提取胰酶的关键，采集的胰脏应在3小时内送入冷库，于−14℃以下保存，如立即投料，可不经冷冻阶段。然后进行绞碎。

2. 提取 将胰浆在5～10℃条件下放置4～5小时，缓慢加入原料中1.2～1.5倍、0～10℃的25%乙醇，拌匀，在0～10℃提取12小时。然后用滤布吊滤，得胰乳。滤渣用25%～30%乙醇继续浸提，吊滤后所得浸提液供下批投料浸提用。胰乳在0～5℃下放置激活24小时。

3. 沉淀 将已激活的胰乳在搅拌下缓慢加入到5～10℃的乙醇中，使乙醇浓度达到60%～70%，拌匀，0～5℃下静置沉淀18～24小时。

4. 粗制 虹吸除去上层清液，沉淀即为胰酶。将沉淀物罐袋吊滤，使乙醇滤出。最后压榨干燥得到粗品。将压干后的粗酶沉淀物经12～14目筛制成颗粒。

5. 脱脂 将粗酶颗粒用1.5～2倍乙醚循环脱脂2～3次，每次浸泡5～6小时，至滤出的乙醚用滤纸法试验无脂肪为止，在40℃下通风干燥。干燥后的胰酶颗粒，用球磨机粉碎成80～100目的细粉，即得到胰酶原粉。

药用胰酶制剂为复方胰酶片，每片含胰酶0.25克，碳酸氢钠0.25克。

三、兔胆利用

兔胆主要用来提取胆汁酸。其提取操作如下：

（一）工艺流程

原料→酸化→皂化→酸化粗品→溶解、脱水→浓缩结晶→干燥→成品

（二）工艺要点

1. 原料要求 取健康兔的新鲜胆汁。

2. 酸化 加3～4倍于原料的澄清饱和石灰水，拌匀，加热至沸腾，过滤

后取滤液，趁热加盐酸酸化至 pH3.5，静置 12～18 小时，取黏膏状沉淀物，用水冲洗后真空干燥。

3. 皂化　取上述粗品，加 1.5 倍量的氢氧化钠，9 倍量的水，加热皂化 16 小时。冷却后静置分层，除去上层溶液，得到沉淀物，再加少量水使其溶解。然后用稀盐酸或硫酸酸化，取析出物过滤，水洗至接近中性，真空干燥得到粗品。

4. 精制　取上述粗品，加 5 倍量的醋酸乙酯，15%～20%活性炭，加热搅拌回流溶解，至冷过滤，滤渣再加 3 倍量的醋酸乙酯回流、过滤。合并滤液，加 20%无水硫酸钠脱水。过滤后，将滤液浓缩至原体积的 1/3～1/5，置冷析出结晶，抽滤，结晶用少量醋酸乙酯洗涤，真空干燥，即得到精品。

四、兔胃利用

兔胃主要用来提取胃膜素和胃蛋白酶。

(一) 工艺流程

胃膜素

原料→绞碎、消化→脱脂（上清液）→浓缩→母液沉淀干燥→胃蛋白酶

(二) 工艺要点

1. 原料要求　取健康兔的新鲜胃黏膜。

2. 消化　将取来的胃黏膜绞碎、称重，按原料重加 60%水，工业盐酸 35 毫升/千克原料，调 pH2.5～3，45～50℃恒温消化 3 小时，盐酸的加入量应以消化液的酸碱度而定，pH 最好控制在 2.5～2.7。

3. 脱脂　取上述消化液，冷却至 30℃，加入原料重 8%的氯仿，拌匀，室温下静置 48 小时，脱脂分层。

4. 浓缩　取脱脂后的上清液在 35℃减压浓缩至原体积的 1/3，预冷至 5℃，下层残渣可回收氯仿。

5. 分离　取冷却后的浓缩液，在搅拌下缓慢加入预冷至 5℃以下的丙酮，至比重为 0.97、有白色胃膜素沉淀出现时，在 5℃下静置 20 小时，提取得到胃膜素。剩余母液在搅拌下缓慢加入丙酮，至比重为 0.91、有胃蛋白酶析出时，静置过夜，经 60～70℃真空干燥得到胃蛋白酶原粉。

五、兔肠利用

医药上常用兔肠提取肝素。

（一）工艺流程

原料→提取→吸附→洗脱→沉淀→溶解→过滤→脱色→沉淀→精制→成品

（二）工艺要点

1. 原料要求　取健康兔的新鲜肠黏膜。

2. 提取　取原料重3%氯化钠和原料一起放入反应锅中，用氢氧化钠调节pH至9，逐渐升温到50～55℃，保温2小时，继续升温至95℃，恒温10分钟，冷却。

3. 吸附　将提取液用30目双层纱布过滤，待冷却到50℃以下加入714型强碱性氯型树脂（用量为提取液的2%），搅拌8小时后静置过夜。

4. 洗涤　虹吸除去上清液，收集树脂，用水冲洗至澄清、滤干。用2倍量的1.4摩尔/升氯化钠搅拌2小时，滤干。树脂再用1倍量的1.4摩尔/升的氯化钠搅拌2小时，滤干。

5. 洗脱　树脂用2倍量3摩尔/升氯化钠搅拌，洗脱8小时，再用1倍的3摩尔/升氯化钠洗脱2小时，滤干。

6. 沉淀　合并滤液，加入等量的95%乙醇，沉淀过夜，虹吸除去上清液，收集沉淀，用丙酮脱水干燥，即得粗品。

7. 精制　将粗品溶于15倍量的1%氯化钠中，用6摩尔/升盐酸调节pH至1.5，过滤。再用5摩尔/升氢氧化钠调节pH至11，按3%的量加入30%过氧化氢，25℃静置24小时后按1%的量加入过氧化氢，调节pH至11，静置48小时过滤，用6摩尔/升盐酸调节pH至6.5，加等量的95%乙醇沉淀。24小时后虹吸除去上清液，用丙酮脱水干燥，即得到肝素钠精品。

第二节　兔血、骨和胎盘的利用

一、兔血利用

兔血含有较高的营养价值，可加工成多种产品，供食用、药用或作为畜禽的动物性饲料。

(一) 兔血食用

兔血营养丰富，蛋白质含量高，必需氨基酸完全，微量元素丰富，可加工成血豆腐、血肠等供人食用。

血豆腐是我国民间广泛食用的传统菜肴，但用兔血制作血豆腐的还较少，是资源充分利用和提高养兔经济效益的重要途径之一。血豆腐的制作过程为：

采血→搅拌（加食盐3%）→装盘（血、水比为1：3）→切块水煮（水温90℃，蒸煮25分钟）→切块浸水→食用、销售

血肠是北方居民的传统食品，具有加工简单、营养丰富、价廉物美等特点。制作过程为：

采血→搅拌、加水→加调料→灌肠→水煮→起锅冷却→食用、销售

调料配方（以占原料兔血的百分比计）为：大葱1%，花椒0.1%，鲜姜0.5%，香油0.5%，味精0.1%，精盐2%，捣碎、混匀即成。

(二) 兔血饲料

利用兔血可以加工成普通血粉或发酵血粉，是解决畜禽动物性饲料的重要途径之一。血粉饲料的生产过程为：

采血→混合→发酵→干燥

先将兔血与等量的能量饲料混合，充分拌匀后接种微生物发酵菌种，60℃条件下发酵72小时，然后经热风灭菌干燥，使含水量由80%降至15%即可，兔血饲料中含粗蛋白质49.5%，粗脂肪4.5%，可溶性无氮物35%，粗纤维5%，粗灰分4.9%。

(三) 兔血医用

兔血可用来提取医用血清、血清抗原、凝血酶、亮氨酸、蛋白胨等。医用血清的生产过程为：

采血→恒温静置→无菌分装→离心→冷藏→过滤

将血液存放在三角烧瓶中，在30℃的恒温箱静置，等析出血清后关闭恒温箱开关，8～12小时后进行无菌分装，离心3 000转/分，20分钟，取上清液装瓶，置于－4℃。1周后取出解冻，用滤纸过滤后，再用EK沉板除菌，分装待用。

二、兔骨利用

成年兔的全身骨骼约占体重的8%。兔骨经过高温处理后，骨油可用来提取食用油或工业用油，骨渣可用来制取骨粉、活性炭或过磷酸钙等，骨汤则可用来提取骨胶或医用软骨素、骨浸膏或骨宁注射液等，下面以软骨素为例简介其制取过程。

（一）浸泡

采集健康兔的软骨、胸骨、韧带等，加入3倍量的2%氢氧化钠溶液浸泡，搅拌。浸泡时间随温度而定，在25～30℃条件下浸泡10～16小时或15℃条件下浸泡40～48小时。

（二）提取

用双层纱布过滤浸泡液，滤液用盐酸调节pH至2.8～3，加原料重15%的氯化钠和3%的滑石粉，加热至65℃后冷却，3小时后过滤，滤液用20%氢氧化钠调节pH至7～7.5，加入原料重3%的滑石粉，加热到70℃后冷却，3小时后过滤，滤液中加乙醇，边加边搅拌，直到醇含量为70%，沉淀12小时后倾去上清液，沉淀物抽滤，再用95%乙醇洗涤2次，抽干，在60℃温度条件下烘干，即得到软骨素粗品。

（三）精制

取上述粗品，溶解于新鲜蒸馏水中，液比为1∶15，溶解后用氢氧化钠或盐酸调节pH至7～7.2，加入粗品重1.5%的霉菌蛋白酶，在40～45℃条件下搅拌6小时，中间每隔2小时加入1次甲苯防腐剂（用量100克粗品为3～5毫升），水解完毕后加入活性炭（用量为粗品重的7.5%），加热至90℃，恒温15分钟，冷却后放入冰箱或冷库，12小时后过滤，滤液中加入粗品重30%的氯化钠，用20%氢氧化钠溶液调节pH至7～7.5，加入3倍量的乙醇沉淀，2～3小时后倾去上清液，沉淀物用95%乙醇洗涤2次，抽干，在60℃条件下干燥后，即为注射用原料。

软骨素注射液主要用于某些神经性头痛、神经痛、关节痛和动脉硬化等。也可对链霉素引起的听觉障碍作辅助治疗。

参 考 文 献

丑武江．2005. 昌吉州优良种兔繁育与兔产品加工［D］．兰州：甘肃农业大学．

刘展生，闫先锋．2010. 山东省兔业生产的现状及发展趋势［J］．山东畜牧兽医，9：8－9.

王丽哲．2002. 兔产品加工新技术［M］．北京：中国农业出版社．

王玲，李西峰，薛冰，等．2011. 关注动物福利提高出口兔肉竞争力［J］．山东畜牧兽医，3：43－45.

吴信生，王金玉，林大光，等．2001. 四种肉兔及杂交兔屠宰性能和肉品质的研究［J］．中国养兔杂志，6：20－24.

邢华．1995. 兔肉肌肉品质研究［J］．中国畜牧杂志，2：25－26.

熊国远，朱秀柏，徐幸莲．2007. 贮藏温度对兔肉品质变化的影响［J］．食品与发酵工业，6：5872－5873.

杨佳艺，李洪军．2010. 我国兔肉加工现状分析［J］．食品科学，31（17）：429－432.

杨龙江，孔令会，钱银川．2004. 中西式肉制品的增香调味技术［J］．肉类工业，1：33－36.

周光宏．2008. 肉品加工学［M］．北京：中国农业出版社．

食品添加剂使用标准　GB 2760－2011.

BEJERHOLM C，BARTON-GADE P A. 1986. Effect of intramuscular fat level on eating quality of rabbit meat［A］. Belgium Ghent.

DALLE Z A，OUHAYOUN，Parigi Bini R et al. 1996. Effect of age，diet and sex on muscle energy metabolism and on related physicochemical traits in the rabbit［J］. Meat Sci，43：15－24.

LAFER J. 2006. Meine Kochschule，Bassermann Verlag，Issue 5，ISBN 3－8094－1397－6.